日本の
漁村・水産業の
多面的機能

編著　山尾政博・島　秀典

北斗書房

目　次

序　章　漁村・水産業の多面的機能と地域資源利用の多元的戦略
　……………………………………（山尾政博，久賀みず保）……5

1. 多面的機能論への接近………………………………………5
2. 多面的機能論の背景と枠組………………………………11
3. 多面的機能論をめぐる諸論点……………………………21

第1章　水産基本計画・海洋基本計画と多面的機能……………………（山下東子）……27

1. はじめに
2. 水産政策における多面的機能論の展開………………27
3. 水産基本法・基本計画と多面的機能…………………29
4. 海洋基本法・基本計画と多面的機能…………………35
5. おわりに……………………………………………………40

第2章　水産業及び漁村の多面的機能と水産物自給……………………（島　秀典）……43

1. はじめに……………………………………………………43
2. 水産業及び漁村の多面的機能……………………………44
3. 多面的機能をめぐる議論…………………………………47
4. 離島漁業再生支援交付金制度の概要……………………49
5. 離島漁業再生支援交付金制度の検証……………………52
6. 多面的機能政策の今後の課題―水産物自給の視点から―………57

第3章 自然の資源化過程にみる地域資源の豊富化
―沖縄県座間味村および恩納村の事例から―
　　　　　　　　　　　　　　　　　　　　　　　　(家中　茂)……59

1. はじめに―自然の資源化過程への注目……………………………59
2. 座間味―自然の資源化をつうじた地域資源の豊富化…………62
3. 恩納村―資源管理をつうじた地域社会の再編……………………72
4. おわりに………………………………………………………………82

第4章 サンゴ礁海域における海洋保護区（MPA）の多面的機能
　　　　　　　　　　　　　　　　　　　　　　　(鹿熊信一郎)……89

1. はじめに………………………………………………………………89
2. 調査方法………………………………………………………………90
3. MPAの多面的機能……………………………………………………90
4. MPAの設定方法と面積………………………………………………96
5. MPAの多様性…………………………………………………………99
6. おわりに………………………………………………………………107

第5章 多面的機能を活かした水産業・漁村地域体験の状況と漁業者の社会的貢献
　　　　　　　　　　　　　　　　　　　　　　　　(磯部　作)…111

1. はじめに………………………………………………………………111
2. 水産業・漁村地域の多面的機能と水産業・漁村地域体験………111
3. 全国の水産業・漁村地域体験の状況………………………………112
4. 沖縄県における水産業・漁村地域体験の状況……………………113
5. 佐賀県における水産業・漁村地域体験の状況……………………121
6. 北海道における水産業・漁村地域体験……………………………123
7. 水産業・漁村地域の多面的機能から見た水産業・漁村地域体験…124

8．水産業・漁村地域体験の効果…………………………………… *125*
　　9．水産業・漁村地域体験の課題…………………………………… *126*
　　10．水産業・漁村地域体験と漁業者の社会的貢献………………… *128*
　　11．おわりに………………………………………………………… *129*

第6章　漁業の担い手育成と多面的機能‥(鳥居享司)‥ *133*

　　1．はじめに………………………………………………………… *133*
　　2．長崎県対馬市「トロの華生産者協業体」……………………… *134*
　　3．沖縄県石川市・宜野座村漁協「石川・宜野座定置網協会」… *143*
　　4．おわりに………………………………………………………… *156*

第7章　水産業・漁村の多面的機能と食育
　　　　　―「ぎょしょく教育」を通した地域
　　　　　　資源と地域協働の重要性―……(若林良和)‥ *159*

　　1．はじめに………………………………………………………… *159*
　　2．多面的機能と食育……………………………………………… *160*
　　3．「ぎょしょく教育」の展開……………………………………… *164*
　　4．教育コンテンツとしての魚食文化…………………………… *172*
　　5．地域ネットワークと協働化…………………………………… *174*
　　6．おわりに………………………………………………………… *178*

第8章　サンゴ礁域の多面的利用
　　　　　―ナマコ利用の問題点―……………(赤嶺　淳)‥ *183*

　　1．はじめに………………………………………………………… *183*
　　2．ナマコ戦争の舞台裏…………………………………………… *185*
　　3．ヌーベル・シノワーゼと刺参ブーム………………………… *188*
　　4．沖縄でのナマコ利用とシカクナマコ………………………… *190*
　　5．おわりに………………………………………………………… *197*

第9章　変容する鯨類資源の利用実態
　　　　―沖縄県名護ヒートゥ漁を中心として―
　　　　………………………………………………（遠藤愛子）… *203*

　1．はじめに………………………………………………………… *203*
　2．沖縄県突きん棒の生産流通構造………………………………… *206*
　3．中央卸売市場における鯨肉取扱いの特徴……………………… *216*
　4．ヒートゥ鯨肉消費の実態………………………………………… *222*
　5．おわりに………………………………………………………… *231*

終　章………………………………………………（山尾政博）… *237*

あとがき
索引
執筆者分担一覧

序章　漁村・水産業の多面的機能と地域資源利用の多元的戦略

1. 多面的機能論への接近

1）多面的機能とは何か？

　本書が取り扱う「水産業・漁村の多面的機能」は，2001年に制定された水産基本法にもとづく概念であり，2004年に日本学術会議が農林水産大臣に対して行った答申，「地球環境・人間生活に関わる水産業及び漁村の多面的な機能の内容及び評価について」（以下，「答申」と略す）に関連した内容である。

　農業や水産業がもつ多面的機能とは，ある経済活動が複数の生産物を産出し，一度にいくつもの社会的な要請に貢献していくことを指している。つまり，生産のプロセスと，その結果生み出される複数の「副次的」生産物に着目した概念である。人間及び社会は，さまざまな食料資源に働きかけて食料生産を営んでいる。これが食料生産の本来的機能であるが，その過程で副次的な生産物が生み出され，社会において特定の役割を果たすことが同時に期待されることがある。つまり，多面的機能とは，基盤となる生産との関係，農業や漁業があって始めて実現されるべきものに他ならない。

　しかし，食料生産によって生み出される副次的機能のなかには，市場取引によらずに第三者に便益・利益を与えるものが少なくない。農業や水産業のもつ多面的機能にかんする議論は，そうした外部経済効果を積極的に評価しようというものである。農業にしても水産業にしても，市場で評価されず，対価の支払いが行われない機能をたくさんもっている。物質循環の維持による環境への貢献，二次的自然の形成・維持，生活・生産空間の一体性，地域社会の形成・維持，国民の生命・財産の保全等，実にさまざまである。実際，漁業生産と漁村社会が存在することによって得られる社会的価値は莫大である[1]。

　経済学的な視点で多面的機能を議論する意義は，農産物や水産物と外部

的・公共財的性格を有する副次的生産物を一体的に生産するほうが，別々に生産する場合に比べて産出費用が低くなり，高い品質の生産物がもたらされることを明らかにすることにある。

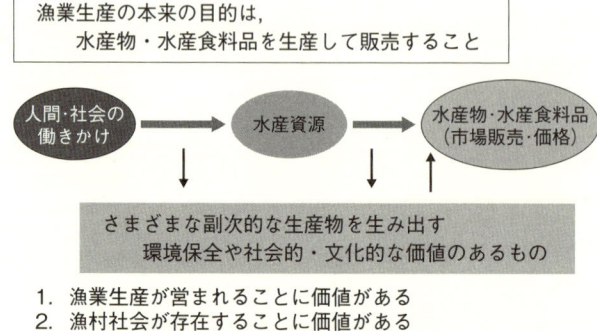

図1　多面的機能の性格と特徴

2）条件不利化する漁業生産及び漁村社会

　日本の漁業生産の自給率が60%を割り，1984年に1282万トンあった水揚げ量は2006年には574万トンと半分以下になった。一方，男子漁業就業者は1949年には109万人であったが，2005年には18.6万人へと減少した。さらに，2005年の65歳以上の男子漁業就業者の割合は35.7%である。漁村社会が過疎化・高齢化している。漁業従事者世帯が減少するにつれて，漁村社会の混住化が進んでいる。

　経済がグローバル化し，自由貿易体制が主流となるなかで，市場原理主義と生産性の向上という点を重視した漁業生産の構築が求められている。だが，日本の消費市場では輸入水産物への依存度が一段と高まっている。東アジアには巨大な水産食品製造業拠点が成立し，そこから安価な輸入水産物が大量に輸入されて流通・消費される日本型フードシステムが確立している（山

尾 2007；2008)。漁業生産においても水産食品製造においても，日本の国際競争力はきわめて劣化している。食料の安全保障，環境の保全，景観の維持，地域社会および文化の継承などといった多面的機能の視点は後景に退けられる。そのため，地域漁業及び漁村社会の条件不利化が急テンポで進行している。漁業生産の担い手が高齢化しているため，沿岸水産資源を有効利用できる社会基盤の空洞化がいちじるしい。離島はもとより，半島や過疎地では，漁村地域を支えてきた生業の崩壊が深刻な社会問題を引き起こしている。「限界漁村集落」は着実に増えているのである。

3) 多面的機能を供給する担い手の視点

一方，衰退していく農業・水産業を基盤にした地域社会の振興を，さまざまな手法で実現していこうという動きが活発である。こうした地域振興の動きは，OECD (経済開発機構) やWTO (世界貿易機構) などで議論されている多面的機能とは直接には関係しない。戦後のわが国では，重化学工業化を中心とした経済開発が進められ，農業・漁業生産の近代化と合理化が進められた。その結果，生産の条件不利性を抱えた中山間地域，半島地域，島嶼部では，若年層の人口流出が顕著になり，やがて地域全体が過疎化の波に飲み込まれた。地域の人口定住力が弱まったのは，基幹産業である農林水産業の衰退が大きな原因である。第1次産業の就業人口が減少し，かつ高齢化するなかで，地域の食料資源の利用と管理がこれまでのように維持できなくなった。

ただ，条件不利地域のなかには，食料資源を含む地域資源を幅広くとらえて，地域の人々が長年にわたって作り上げてきた，その地域独自の資源利用のための「生活の知恵」や，それを具体化させるための組織的な活動やルールをも地域資源ととらえ，利用していこうという動きが以前からあった (永田 1988)。近代化の波に対抗できないでいた地域の中には，「反近代化路線」の旗を掲げて，さまざまな試行錯誤を重ねながら，自らの力で活路を開こうとする動きも多々みられた。こうした動きが地域社会の内発的発展の形成に

大きく貢献したのは，周知の通りである（守友　2000）。

　つまり，農漁村にあって食料生産を担い，多面的機能の供給を担っている生産者や地域住民の視点からみれば，副次的生産物のいくつかは，地域活性化のための経済内部性に転化することが可能な，有用資源なのである。地域住民の働きかけ如何によっては，あるいは，農漁村の景観のように，外部者である消費者が独自の価値を見いだすことによって，市場経済の枠内に取り組んで内部化する途が開かれているのである（生源寺　1998）。多面的機能の一部は，市場価値をもった有用な経済財に転化する可能性を充分にもっている。

　以上のように，住民による多面的機能への接近は，経済政策的な視点とはまた違ったものになる。

4）複合的多面的機能論への挑戦

　本書は，国と地域のそれぞれが議論してきた多面的機能論，つまり，政策レベルでの枠組み作りと，地域レベルでの実践との合流をはかっていくことを目的にしている。経済と消費のグローバリゼーションが進むなかで，「条件不利地化」する漁村社会を活性化する枠組みを，地域漁業及び漁村社会がもつ多面的機能という視点から明らかにしたいと考える。

　日本学術会議による「答申」の内容が，統合的な政策体系として具体化されるに相応しいものであったか，と言えばそうではない。農林業に比べて，水産分野の政策体系の整備はかなり遅れている。条件不利地域の水産業・漁村の多面的機能の維持は，離島漁業再生支援交付金事業（以下，離島交付金）として政策化されはしたが，過疎化と漁業就業人口の減少がいちじるしい沿岸地域の大部分が対象からはずされていた。農業の中山間地域等直接支払制度と比較すると，わずかな地域が「条件不利地域」の対象になったにすぎない。原因はいくつかあるが，何よりも条件不利化する地域漁業と漁村をとらえる理論的枠組作りが不十分であった，と考えられる。

　そもそも「答申」では，海が本来的にもっている物質循環機能と，人間の

社会経済活動の過程から生み出されてくる多面的機能との峻別ができていなかった。そのため，国民的コンセンサス作りに焦点を絞った主張（アドボカシー）ができにくかった，という反省がある。藻場・干潟・サンゴ礁などの沿岸域における環境・生態系保全活動に対する直接支払制度が本格化しつつある。その政策のなかに多面的機能論がどのように組み込まれるのか，注目しているところである。

　本書の執筆者たちは，日本および海外の漁村をフィールドに，主に沿岸域資源の利用と管理を対象に，経済学，水産経済学，地理学，環境社会学，人類学，生物学など，さまざまな分野から調査研究を重ねてきている。学問的な土俵を異にはしているが，沿岸域社会をテーマに多方面から調査し，議論しているグループである。多面的機能論のように，さまざまな視角からその内実を明らかにしなければならないテーマを扱うには適している。多面的機能そのものは統合的な内容をもち，したがって，それが地域社会で作用するシステムは千差万別である。経済的視点，政策的視点からだけでは決して明らかにすることができない性格を備えている。それは沿岸域社会によって立つ生業としての漁業が，実に多種多様な存在形態をとることからくるものである。

　本書では，地域社会が経験してきたミクロの変化にこだわり，それを引き起こしていく社会システムやマクロの外的要因にもこだわった分析をおこなっている。何よりも，私たちは，漁村及び水産業がもつ副次的な機能を，静態的にではなく，動態的に生成されていく過程として把握しようという問題意識を共有している。

　5）多面的機能論への接近：3つの視点から
　多面的機能を性格づけるためには，他の分野と同様に，水産食料生産との結合性，市場の失敗，公共財的な性格という3つの要素から特徴づけるのが一般的である。本書は，そうした性格を踏まえながらも，多面的機能を定義・理論・戦略論，機能具体化論，担い手論の3つの視点にそって，明らかにし

ようとしている。

　第1の定義・理論・戦略論という視点では，グローバル化する消費社会と条件不利化する漁村社会という，2つの社会ムーブメントのぶつかりあいをとらえ，水産業と漁村がもつ外部経済効果を積極的に評価しようという新しい潮流を特徴づけている。

　第2の機能具体化論の視点では，水産食料生産の過程で副次的に生み出される多面的機能と，物質循環の補完と生態系の保全，地域の社会と文化の維持・形成，交流の場の形成などの具体化の過程を，地域の事例を通して明らかにする。水産資源の利用と一体化した多面的機能，外部的・公共財的性格を有する副次的生産物の一部を，地域社会がどのようにして内部経済化してきたかが明らかにされる。外部的・公共財的性格を有する副次生産物が，住民によって新たに生成されていく事例を検討する。

　第3の担い手については，多面的機能に意義をみいだすのであれば，本来的な機能を担う，生産の担い手の確保が前提になっていなければならない。しかし，これまでの担い手論では，「中核的漁業者」をめぐる議論のように，生産力増強・効率主義が重視されるのが一般的であった。多面的機能を維持するという姿勢とは，ある意味で異なっている。したがって，これまでの担い手論にはない，新しい地域"ステークホルダー（利害関係者）"が求められている。沿岸域の環境保全を担い，漁村がもつ多面的機能を担ってきたのは，何も漁業者ばかりではない。女性や高齢者もまた，更新的資源である水産資源の増進をはかる土台作りにかかわっている。こうしたこともあって，住民参加型の沿岸域環境保全に向けた地域の取り組みが注目されている。

　全体としてみると，グローバル経済下で再編成を迫られている日本の漁村社会の動態を，生産の条件不利化，社会・環境サービスの機能低下という視点から捉える一方，生産者，地域住民，さらには消費者など多様な利害関係者（ステークホルダー）が資源・環境の保全，社会・文化の形成に積極的に参加している点に注目しなければならない。各地で里海活動が広がりをみせているが，これは，沿岸域の漁業的利用，市民的利用，地域的利用が結合し

たものとみなすことができる。水産業・漁村社会がもつ多面的機能を，生態系環境保全と持続的な生産に生かせる海域として維持・利用することが目的のひとつになる（中島　2008）。かつては漁業者や漁協がこうした役割を担ってきたが，漁業の衰退と漁村社会の変容によって，地域住民の活動参加が広く期待されている。すでに，全国各地ではNPOなどが，藻場・干潟・サンゴ礁などの保全と再生などに取り組んでいる。家中（2001；2002）は，こうした地域ベースの動きを，「生成するコモンズ」として捉えることを提起している。関（2007）は，そうした住民の自発的な動きが，やがては「公共性」と「レジティマシー」を獲得していくプロセスへと移行していく可能性があることを示唆している。

　以上のような3つの多面的機能論の視点から，従来の水産・漁村振興論を再構築していく意義は大きい。

　しかし，本書はこれら3点についてまだ充分に深く掘り下げてはいない。水産分野の多面的機能論については，まだ議論が始まったばかりである。端緒の書としての限界はあるが，ここでは，特に複眼的な多面的機能論の枠組み作りを念頭におき，担い手論を意識した内容にしたいと考えた。なお，沖縄を事例にとり上げる章があるが，これは水産業・漁村がもつ多面的機能を見つけやすい地域であることによる。もちろん，その他の地域についても，普遍性をもつものとして議論をしてある。

2．多面的機能論の背景と枠組
１）農業にみる政策改革と多面的機能論
(1) 貿易自由化の流れと政策改革

　農業分野では，農業・農村がもつ多面的機能論の研究が相当に進んでおり，政策的にも膨大な蓄積がなされている。

　国際貿易交渉の場においては，わが国が貿易自由化の流れを少しでも押しとどめようと主張する際の根拠に用いたのが，「食料の安全保障」であり，「農業・農村の多面的機能」であった。特に，GATT（関税と貿易に関する一般

協定）ウルグアイ・ラウンドにおける農業協定合意に向けた交渉では，農産物の例外なき関税化が焦点になり，貿易歪曲効果をもつような国内政策を牽制する動きが強まった。やがて，世界貿易機構（WTO）の農業合意が成立し，国境措置を撤廃して完全な貿易自由化をめざし，国内支持を削減して市場・貿易歪曲効果をもつ価格政策や直接支払を削減することで基本合意がなされた。これを機に，農業政策のグローバル・スタンダード化への動きに拍車がかかった。我が国も国内の農業生産政策のあり方を抜本的に見直さざるをえなくなったのである。

　食料貿易の自由化と政策の標準化の流れにしたがって，農業分野では，1999年に「食料・農業・農村基本法」が施行された。一方，水産分野では，2001年には「水産基本法」が成立する運びとなった。農業と水産業では政策的に強調されている点に違いがあり，同一次元で議論することには抵抗があると思う。ただ，共通しているのは，農業及び水産業とも急速な国際化の流れのなかで，産業としての存立基盤が弱ること，地域人口の減少と高齢化がいちじるしいことである。食料生産が対象とする食料資源はもとより，それをとりまく地域生態系や生産環境の劣化がいちじるしい。

　貿易自由化の流れを止められなければ，国際競争力のない農業や水産業の衰退は今後もつづく。たしかに，主権国家には食料の安全保障を確保することが認められてはいるが，現実問題として，WTO体制下で地域の農業・水産業を維持するのは容易なことではない。

　政策改革が求められる理由の一つがここにある。単に，政策のグローバル・スタンダード化がはかられたのではなく，国内の食料生産基盤を積極的に維持していくためにふさわしい論理と体系を，国家の戦略として準備しておく必要があったのである。

(2) 多面的機能論の位置づけ

　日本は1993年にウルグアイ・ラウンド農業合意を受入れ，1）自由貿易の推進，2）農業保護の削減に沿った新しい農業基本法を制定することを決断した。それまでの農業基本法は生産刺激的な性格をもっており，国内農業支持

の内容がWTO農業合意に反するものを含んでいたことから，農業構造の改革よりも前に，農業政策の改革を迫られたのである．多くの先進国では，消費者負担の政策から納税者負担の政策への転換がはかられ，価格支持から直接所得支持へと政策の軸足を移していた．さらに，農民保護をやめて，農業の継続を目的にして農民の所得を直接補償することにし，農業を公共財保護の対象として取り扱うようになった．こうした流れを受けて，日本では「食料・農業・農村基本法」（以下，新基本法）が施行された．

農業分野の多面的機能に関する政策は，最初は中山間地域等直接支払制度として具体化され，2006年からそれに加えて，農地・水・環境保全向上対策が実施されている．WTOでは，貿易・市場に対する歪曲効果のある国内支持を削減する一方，削減除外の助成を認めている（いわゆる，「緑の政策」，「青の政策」，「デミニミス政策」と呼ばれて分類される政策）．これは，農業政策がもつ農民への所得支持と，生産・消費・貿易・資源分配等に影響を与える市場歪曲効果を断ち切る，という合意である（山下2004；服部2004）．WTOでは，市場に対する農業政策の中立性を確保し，それを実行すれば，農民の所得に重大な影響がでる恐れがある時，政府は「所得支持策」を実施できるとしていた．市場の競争原理を反映した農産物価格を実現し，その一方で，農民の所得を直接支持する政策，つまり，直接支払制度への政策転換が国際的に求められたのである．

(3) デカップリング政策の意義

従来の農業政策は，農産物の価格支持にもとづく生産刺激とそれを通じた農民の所得向上を目的とすることが多かったが，WTO農業協定が求めているのは，2つの政策のデカップリング（切り離し）である．農業にしても水産業にしても，デカップリング政策には，3つの積極性があると考えられている．

第1に，市場志向型の農漁業をめざすが，それによって生じる，ネガティブな経済的インパクトを緩和するための手段であること．価格支持政策とは違って，所得補償機能を切り離していることである．第2に，農民や漁民の

所得支持によって，社会福祉や地域格差是正を行うとともに，公共財的な環境や資源の保全に役立てることである。環境直接支払がこれに該当する。第3に，公共財を供給する担い手が誰かを明確にし，社会が期待する責任分担を果たすということを条件に支払う，ということである（矢口2002）。

　農業分野で，デカップリング政策が注目されるようになったのは1980年代以降と言われる（矢口1997）。先進工業国では，構造政策の展開にともなって条件不利地域対策を講じる必要性に迫られた。特にEUでは農業政策の標準（スタンダード）化が求められ，食料貿易が自由化されるなかで，条件不利地域の崩壊が社会問題化してきたのである（生源寺2008）。我が国の農業では，特定農山村法，ウルグアイ・ラウンド農業合意関連対策大綱（1994年）が制定・実施されたが，結果的には，条件不利地域の農業・農村崩壊には歯止めがかからなかった。政策体系の組み直しが行われるなかで，生産条件が不利な中山間地域等を対象に，耕作放棄の原因となる農業生産条件の不利性を補正するために，直接支払制度が実施されることになった。ここでは，農業生産活動の維持を通じ，農地の多面的機能の維持発揮を図ることが目標とされた。中山間地域等直接支払が目指しているのは，条件不利下にある水田を中心とした耕作地の維持である。それを可能にする農業集落の共同活動が，集落協定などを締結することによって奨励されている。農村は，食料供給と多面的機能の二つの機能を，適切かつ十分に発揮する必要がある，というのがこの対策の趣旨である。

　以上から明らかなように，農業における多面的機能論は，「選択と集中」を掲げて実施に移される構造政策と表裏一体になって，登場した議論なのである。水産政策における位置づけも基本的には同じ性格をもつものと考えられる。

2）水産業・漁村の条件不利地域対策の限界
(1) 水産政策による「選択と集中」
　従来の水産政策の限界を認識し，新しい政策体系の構築に努める動きがと

みに活発になっている。加瀬（2007a；2007b）は次のように指摘している。第1に，漁業経営の改善に果たす公共事業の役割が終焉を迎えていること，具体的には，漁業従事者等の高齢化や経営体の経営力が減退しており，集団的生産力を増強するための施策を実施しても，生産が伸びるという可能性が小さくなっている。第2に，個別経営体への融資政策がほとんど機能しなくなり，より直接的な経営安定対策でなければ効果がなくなっている。第3に，地域漁業の現場において水産政策の受け皿となり，実施主体となってきた漁協が弱体化して，政策仲介機能が働かなくなったことである。

当然，水産政策の見直しのなかでは，日本の水産業が抱える生産構造の脆弱性に関わる議論が進むことになった。

2006年の「水産基本計画の見直しに関する中間論点整理」[2]（以下，「中間論点整理」）においては，構造政策を進める立場から，国際競争力のある経営体の育成と確保を目標にかかげ，「効率的かつ安定的な漁業経営」によって漁業生産の大宗が担われる状況を作りだすことの必要性が強調されている。支援と施策の対象を限定し，継続性と将来性があり，国際競争力がもてる漁業経営体の育成こそが，日本漁業が進むべき道であるとする。「中間論点整理」では，日本漁業が抱えている構造問題は，生産主体の経営構造をめぐる問題であるとの認識が強く反映されている（山尾 2006）。

全体としてみれば，水産政策は，中核的漁業者協業体の育成政策にみられるように，個別経営支援の方向に舵を切り，「選択と集中」という政策の基本姿勢を鮮明に打ち出している。国の施策はもとより，各都道府県が見直しを進めている水産振興計画等においても，その大部分が消費動向にあわせて供給側の再編成の必要性が強調されている。いわゆる「もうかる漁業」をキャッチ・フレーズにした内容になっている。ただ，いずれの計画も構造改革の具体的な方向性を示しているわけではなく，柔軟な販売対応や地域ブランド化など，短期的に取り組める活動が中心である。

農業では，集落営農による農業資源の集団的利用体制の再編成を含めて，構造改革の方向性が，国レベルでも都道府県レベルでも，かなり具体的に示

された。また，構造改革の成果が及ばない地域・経営については，条件不利地域対策にもとづく直接支払制度の適用をはかり，集落協定等にもとづく農地資源の維持，農業がもつ多面的機能の維持をはかるための諸活動のあり方が示されている。だが，水産業では，条件不利地域対策が離島に限られているため，条件不利地域対策の実施を機に，住民参加型の地域振興を各地ではかろうという動きが各地に広がっているわけではない。この点は農業とは大きく違う。

(2) 離島交付金制度の意義と限界

離島漁業再生支援交付金事業（以下，離島交付金）が導入されたのは2005年，これは2001年に制定された水産基本法が規定する「多面的機能に関する施策の充実」（同法第32条）にもとづいて具体化された施策である。離島交付金の政策が形成される過程では，日本学術会議による答申が大きな役割を果たしたことは，よく知られている。

離島交付金制度の詳しい分析は次章以降に譲り，ここではその特筆すべき点だけを簡単に述べる。中山間地域等直接支払制度が根拠としているのは，農地がもつ多面的機能に関する評価であるが，離島交付金の場合は，内実としては生産刺激的な性格がかなり強い。農業が生産条件の不利性を補うのに対して，離島交付金は流通条件の不利性を補うものとして特徴づけられた。それは，OECDやWTOが求めている市場貿易歪曲効果の小さい，中立的な所得補償策であるとはいえない。一見すると，離島交付金制度は，中山間地域農業を対象にした直接支払制度と同じようにも見えるが，その内容はかなり異なっている。

特に，離島以外の漁業の条件不利地域が，政策的に認知されていない点は注意を要する（廣吉2006）。離島振興法の対象になっている島嶼部でも，直接交付金制度の対象から除外されている地域がかなりある。また，離島と同様に生産・生活上の不利性を抱えている半島域の漁村が政策支援の対象から外されている。本来の条件不利性とは，生産条件（流通関連も含む）の不利性，生活条件の不利性，地域振興立法との関連性，によって規定されるもの

表1　離島漁業再生支援交付金制度の概要（比較）

項目	漁業	農業との比較（備考）
事業名	離島漁業再生支援交付金制度	中山間地域等直接支払制度
担当課	漁政部企画課	農村振興局地域振興課
開始年	平成17年度～	平成12年度～，平成17年度～
交付金額	人頭対応，13.6万円（人）	面積対応，全国平均8.0万円
予定額	17.25億円	330億円
条件不利内容	流通条件の不利（流通コスト差）	生産条件不利（生産コスト）
目標	離島漁業の再生（卒業条件は都市住民並み所得），多面的機能の維持・増進，将来に向けた漁業生産活動の継続的実施，漁業集落機能の活性化	耕作放棄の発生防止，多面的機能の維持・増進，将来に向けた農業生産活動の継続的実施，農業集落機能の活性化

出所）水土舎作成に，加筆・修正を加えた.

であろう。島嶼部でなくても，半島部や遠隔地にあってこうした条件不利性を抱えた漁村はかなりある。水産庁が示した「特認離島のガイドライン」があるが，それにあてはまる条件を備え，地域における漁業の重要性が今なお高い地域は，離島以外にも全国各地に面的な広がりをもって存在している。それらの地域では人口定住力が脆弱化し，過疎化の大きな波の中にある。漁業就業者の減少と高齢化が進んでいる。漁業生産の担い手が不足し，地域共有資源である水産資源の持続的利用と管理の後退が，不可逆的な現象となって現れている。

(3) グローバル化する消費社会がもたらす条件不利性

前項では水産業・漁村がもつ多面的機能を政策的に論ずるにあたり，条件不利性とは何か，という社会的問いかけに対して適切に応えてこなかったのではないか，という点を指摘しておいた。今改めて，水産業・漁村の条件不利性を議論し，それが衰退することによって社会が失う公共性，公益性，外部経済について検討しておく時期にきている点を強調しておきたい。日本の漁業が抱えている条件不利性とは，日本型水産物フードシステムの発展の裏側に他ならない。

水産食料品の海外依存度が年々高くなり，日本の水産物自給率は低下する一方である。世界的に水産資源をめぐる争奪戦が激しくなっており，かつて

世界の水産物輸入量の3割を超えるシェアを握っていた日本の地位が低下している。日本人がこれまでどおりに輸入水産物に依存して食生活を維持できるかどうかわからない。ただ，日本人の食生活の外部化，簡便化，洋風化，多様化，といった流れがすぐに変わるとも思えない。消費者の間には安全・安心への志向が強くなり，国内産への需要が増えているが，国内生産だけで多様化する消費需要を満たせるわけではない。日本の水産物消費は今でも輸入を前提に成り立っている。

東アジアには，高度な装備と高い生産性をもった漁獲漁業・養殖業が発展し，世界各国で進む食の産業化に対応できる食品製造業拠点が成立している。世界各地から原料となる水産物を輸入して加工し，日本はもとよりEUやアメリカなどの巨大消費市場に再輸出している。東アジアにそうした高度な水産食品製造業が発展する基盤を築いたのは，他ならぬ日本の水産企業，食品メーカー，量販店，外食チェーン等である。その一方で，日本の水産業，特に水産食品製造業の空洞化が地域漁業に致命的な打撃を与えている。国内の水産物フードシステムは，市場がもとめる大量化と効率化に対応できる能力と条件を失いつつあると言ってもよい。東アジアとの間には，水産食品製造業の工程間分業に加え，生鮮・活魚の分野でも「周辺貿易」による取引が増えている。

(4) 環境・生態系保全活動の意義

日本の水産業・漁村の条件不利化は，日本人の水産物消費のグローバル化が動因になって引き起こされたものである。多面的機能論をもとにした政策の展開は，水産業の活性化をはかるというよりも，沿岸域資源と環境を維持するために，漁村社会がもつ「社会・環境サービス」を維持するという側面が強い。政府は2008年から直接交付金の枠組のもと，競争力をもった経営体を育成するという目標を掲げて，経営安定対策制度を実施する一方，藻場，干潟，サンゴ礁などの回復と保全を目的に，環境・生態系保全活動支援事業の導入を具体化させている。漁業者及び地域住民によって担われてきた藻場や干潟の利用と保全がしだいに機能しなくなっている。それが水産資源の減

少を招き，さまざまな公益的機能の低下をもたらしている。例えば，水質浄化，生物多様性の維持，CO_2の固定，浸食抑制による海岸保全，親水性や環境学習の場の提供としての役割などである。

　都市部では都市化と産業化にともなう沿岸域環境の悪化を指摘できる。漁業地域においては，漁業就業者の減少，高齢化，共同漁業権の管理主体である漁協組織の弱体化（事業経営の悪化を含む）などによって，藻場・干潟などの保全活動の担い手が減少し，活動量が縮小している。その結果，水質浄化等の公益的機能を高めるための国民負担が，将来にわたって増え続けることになりかねない。

　農地・水・環境直接支払制度は，農業・農村の多面的機能の維持という側面を強調した施策ではあるが，実態としては，平場農村の中核的水田地帯の水利用組織が機能不全に陥る前に，過渡的な策としてコミュニティ・ベース型の住民参加のもとで水資源利用等をはかるという狙いをもっている。つまり，平場の農地資源の利用については，圃場整備が進んで機械化農業による労働生産性の追求がある程度は可能になっているが，水を始めとする農業資源の利用体系は，近代以前のシステムが今なお形をかえて機能しているところが少なくない（長濱 2003）。そのシステムを維持してこられたのは，専業・兼業の区別なく出役してきた農家の共同労働に他ならない。高齢農業者が地域の水利用管理の世話役になり，維持すべき慣習と経験知を次世代に継承してきた。しかし，農業従事者の急速な減少と兼業農家の増大によって，そうした世代を超えて地域農業資源を利用・管理するシステムが，崩壊の危機に瀕している。このまま放置しておけば，近代化を進めてきた平場農業の生産基盤すら維持できなくなる恐れがある。乱暴な言い方になるが，環境直接支払は，次の農業資源管理システムができあがるまでの過渡的な措置，と考えてもよいのではないか。

　漁業でも，日本的な漁業権制度が抱える問題の解決と係わらせて，地域資源の持続的利用とそれを可能にする制度，それが漁業生産の構造改革にどう結びつくのかを，検討しなければならない時期にきている。漁協（或いは漁

業集落）を単位に成り立つ共同漁業権を行使するだけでは，藻場や干潟の利用と保全ができない地域が増えている．保全活動は，漁業者に加え，地域住民や広く地域社会の参加が求められている．

その場合，水産食料生産という本来的な機能を維持することとは関係なく，藻場・干潟・サンゴ礁などがもつ公益的機能の維持が主目的になるケースが増えてくる．食料生産がもつ条件不利性の克服には直接に貢献しないことも考えられる．したがって，環境・生態系保全の活動には，さまざまな地域類型と発展段階が生まれてくるのではないだろうか．

(5)「生成するコモンズ」が提起するもの

藻場・干潟・サンゴ礁等を保全する活動は，地域の漁業生産の回復を見込める地域，あるいは公益的機能が高まる地域が対象にはなるが，将来的には，漁業者及び住民らが中心になって，その保全システムを再機能させられる地域も対象になってくる．つまり，機能しなくなった共同漁業権内の資源保全・利用機能について一時的に住民参加などによって回復・再生をはかりながら，やがてはそれらを自律的・経済的に管理していける地域システムの確立を目標としている．藻場・干潟・サンゴ礁およびその周辺の水産資源については，新しいコモンズ資源として多くの地域住民の参加を求めながら，再生をめざしていくことになる．

すでに述べたように，里海創成活動は，利害関係者を幅広くとらえている点に特徴がある．条件不利地化しつつある沿岸域社会の成り立ちとその社会・環境サービス機能を多元的にとらえている．経済分析に偏って説明されがちな資源の持続的利用や環境保全の社会的価値を，文化的，社会的，民族的な視点に加え，住民参加という視点からとらえている．

里海活動などの実践を踏まえると，いかに地域資源を多元的に利用して条件不利性を克服するか，漁村・水産業がもつ副次的な機能を静態的にではなく，動態的にとらえて地域社会がもつ生態環境保全機能を維持・増進していくか，それを担う新しい主体と組織とは誰なのか，といった問題意識が生まれてくる．「生成するコモンズ」（家中 2001）は，共有的地域資源の利用と保

全をめぐる新しい枠組み作りを示す合い言葉になっている。

その場合，コモンズとして意識される資源は，対象となる食料資源に加えて，その利用，管理，保全にまつわる慣習やルールを含む幅広いものになる。漁業生産を担い，多面的機能の供給を担っている漁業者や地域住民の視点からみれば，副次的生産物も新しいコモンズとして，地域活性化のための経済内部性に転化することが可能な，有用な地域資源になりうる可能性をもっている。生源寺（1998）が指摘したように，住民の働きかけによっては，農漁村の景観のように外部者である消費者が独自の価値を見いだし，それを市場経済の枠内に取り組んで内部化する途も開かれている。多面的機能の一部は，市場価値をもった有用なコモンズとして機能しうるものである。

3. 多面的機能論をめぐる諸論点

本書では，3つの視点から水産業・漁村の多面的機能論に接近するが，ここでは次章以下の分析にかかわって必要な論点を提示しておきたい。

1）国家戦略としての多面的機能論

日本の食料自給率は戦後一貫して低下し続け，2008年現在はカロリーベースで約40％である。自給率が急速に低下した理由はさまざまだが，国民の食料消費構造のいちじるしい変化や国土条件の制約といった複数の要因が，我が国の食料自給率の低迷に大きな影響を与えている（農林水産省 2008）。消費者の食生活が大きく変化し，食の洋風化，食の簡便化，食の外部化などが進んだ。日本型フードシステムは食料貿易の自由化と食品製造業の生産拠点の海外移転（ないしは空洞化）を前提に成り立っている。農産物・水産物の貿易自由化の動きは今後もつづくであろう。商品という基準で成り立つ市場取引の枠組みが食料貿易を動かし，それが日本の食料生産の現場に否応なく適用されてくる。

多面的機能論は，日本を始めとする食料純輸入国が，WTOの場で自国の食料安全保障を主張するために準備されたものである。国家による自国の食

料生産を守るための貿易戦略のひとつに他ならない。「食料の安全保障」の観点から，自国の農業・水産業を維持するために実施する国内支持策の正当性を，国際的に主張する根拠になっている。

　一方，国内では，水産業・漁村がもつ多面的機能を強調することは，消費者に対する国をあげてのマーケティング活動のひとつと考えられる。国内の水産業，漁村に対する消費者の関心をたかめ，国産品に対する愛着心を広めて購買意欲を増すことが期待されている。食の安全・安心，地産地消，食育，地域ブランド化などのキャンペーンや地域の具体的実践と結びつけて多面的機能の内容が紹介される時，消費者には国内産の優れた点が広く認識される。

　同時に，食料生産の過程が，市場取引によらずに第三者に便益・利益を与える多大な外部経済効果がある点を強調し，水産業・漁村に対して国内支持を与えることに対して，国民的合意を形成しやすくなる，と考えられている。もちろん，以前のような補助および公共事業が国民に支持されるわけではない。国際的に認められる最大限の範囲で，直接補償・直接支払を実施していくことについての国民的合意が欠かせない。ただ，水産業と漁村が存在することによって得られる社会・環境サービスを，具体的な金額に換算して主張しなければならない点は言うまでもない。

　2）多面的機能論から地域振興へのアプローチ

　多面的機能論がすぐれて国家レベルでの戦略として構想された点は間違いない。しかし，すでに述べたように地域資源を有効に活用するという立場にたつアプローチがある。地場産業である水産業をもう一度見直して，その再生の可能性をさぐろうという活動の根拠になっている。市場主義的な貿易自由化のなかで地域農漁業の生き残りをかけて，住民自らが地域振興に深く関わっている。農漁業が果たす多面的機能は，住民と地域生業の存在意義を広く社会にアピールするための，実践的かつ理論的な根拠になのである。これは，国家自らが行う社会マーケティング戦略とも同調できる内容を含んでいることから，大きな社会的潮流になっている。

一般に地域資源は，地域を離れては機能しない資源，土地のように地域から移動できない資源，技術的には可能であってもコスト的にはできない資源を指している。水産資源は，農地資源のように固定したものではないが，地域と漁業との生態的なつながりは深い。こうした地域資源のとらえ方こそ，多面的機能の一側面を形成している。

　同時に，地域資源の持続性という点を考えると，地域住民による水産資源の利用体系の営みが，地域資源の維持と存立に大いに役だっている。地域の人々が長年にわたって作りあげてきた，その地域独自の資源利用のための「生活の知恵」「食文化」「伝統的儀式」，それらを具体化させるための人々の組織的な活動，活動のためのルールやしきたりの分析が不可欠である。それは，過去から現在に引き継がれていくとともに，将来にわたって生成しつづけていくものとして動態的にとらえることができる。

　だが今，日本の水産業，特に沿岸漁業は，生産力の技術革新と構造改革路線によって，大きく変わろうとしている。「選択と集中」という政策は，その内容の濃淡はあるにせよ，各地の振興計画に幅広く採用されている。中核的漁業者を担い手にした政策支援の姿勢が鮮明になってきている。しかし，沿岸域資源の利用体系には歴史的・社会的な存在形態をとる諸制度（漁協を含む），それに地域の人間諸関係が深く絡まっていることが多い。生産手段の近代化と構造改革が表面的には進んでも，対象となる地域資源の利用と管理のあり方をめぐって，軋轢が生じてくる。構造改革の内容およびその進め方の是非が，問われているのである。今進められている構造改革の限界を突破するためには，どのような地域資源の利用の仕方，多面的機能を備えた生産過程が必要なのかが，問題にされなければならない。

　3）もうひとつの多面的機能論をめざして
　多面的機能論が目指す本来の枠組みとは，水産業・漁村社会が営む生産の過程が生み出す副産物を経済指標でとらえて，社会への貢献度を明らかにしようということである。そうした経済的手法を確立することは，充分に意義

のあることである．だが，漁村社会にはそれだけではとらえられない多種多様な生活文化，人的ネットワークが存在している．漁業者だけに限らない住民の参加による環境保全活動がある．これらが生業としての漁業生産活動をささえる"社会的基盤"であったりする．

民族社会と外部経済とのつながりとその変容を解明してきた文化人類学，環境社会学，及びその関連分野のなかには，条件不利化しつつある漁村社会の成り立ちとその社会・環境サービス機能を多元的に解析し，ともすれば経済分析に偏って説明されがちな資源の持続的利用や環境保全の社会的価値を，フィールド調査の成果を踏まえながら，実践的かつ学際的に提起した成果が少なくない．従来主流であった多面的機能論の分析は，すぐれて政策学としての性格が強かった．国家の貿易戦略として，また自国の農林水産業の保護という使命を帯びて理論化されたという経緯がある以上，やむをえないとも言える．廣吉（2006）が指摘したような，多面的機能の戦略と具体化をはかろうとする現実の間に大きな開きがあるのは，戦略がよってたつ理論的枠組みについての議論の狭隘さに問題があったためと思われる．

国際的には貿易問題として，また国内的には農林水産業の保護を妥当とする理論的な根拠として提起されてきた狭義の多面的機能論は，今のままではなかなか受け容れられにくい．WTOの場では，農業や漁業を特殊産業として位置づけようとする多面的機能論へ関心から，個別分野における削減問題に焦点が移っている（作山2006）．その一方で，沿岸域環境問題への関心が高まるなかで，沿岸域社会がもつさまざまな経済外的効果を，「社会環境サービス」として広くとらえようという動きが世界的に増している．水産業・漁村社会が果たしている「社会環境サービス」は，具体性をもった議論として発展させていける可能性をもっている．

本書は，国家戦略としての多面的機能論，地域の内発的発展論の系譜を引き，参加型地域振興と深く関わって展開される多面的機能論，経済外的機能を内定な活動に変えていく地域社会のエネルギー，水産資源の利用と管理に

関する漁業者と漁村社会の行動,漁業者や漁村住民による地域社会への貢献,さらに食を含む社会文化的な諸要素を加え,食料生産という本来的な機能と係わらせながら,複眼的な多面的機能論を展開することを企図している。本書がめざすのは,水産食料生産がもつ副次的機能を正しく認識し,多面的機能と言い表される地域の諸資源を多元的に利用できる沿岸域社会とはどういうものかを,議論することである。

なお,本書のタイトルは「漁村・水産業の多面的機能」だが,本文中では,慣例にしたがって「水産業・漁村の多面的機能」を多く用いている。執筆者によって多面的機能に対するとらえ方が異なり,用語の使い方もまちまちである。あえて統一はしなかった。ただ,どの執筆者も,漁村という生業の「場」が産み出す多面的価値を特に強調しておきたいという点では一致している。そうした執筆者の問題意識が強く反映するようなタイトルにさせていただいた。本文を読んでいただければ,タイトルの意味するところはおわかりいただけるものと思う。

注:
1) 三菱総合研究所が試算したところでは,物質循環補完機能 22,657 億円,環境保全機能 63,347 億円,生態系保全機能 7,684 億円,生命財産保全機能 2,017 億円,保養・交流・教育機能 13,846 億円,防災・救援機能 6 億円などの経済外効果があると試算されている(平成 19 年度水産白書より)。
2) 平成 18 年に開催された「水産政策審議会企画部会」に提出された書類を参照している。

参考文献:

加瀬和俊 2007a.「日本漁業論の視座―水産行財政論の視点から」,『北日本漁業経済学会』35 号,pp. 49-56.
加瀬和俊 2007b.「水産政策の全体的俯瞰」,『沿岸・沖合漁業経営再編の実態と基本政策の検討―最終報告―』,東京水産振興会,pp. 13-23.
作山巧 2006.『農業の多面的機能を巡る国際交渉』,筑波書房
生源寺眞一 1998.『現代農業政策の経済分析』,東京大学出版会
生源寺眞一 2008.『農業再建』,岩波書店
関礼子 2007.「共同性を喚起する力」,宮内泰介『コモンズをささえるしくみ』,新

曜社, pp.126-149.
中島満 2008.「『里海』って何だろう？」,『水産振興』第487号, 東京水産振興会
永田恵十郎 1988.『地域資源の国民的利用』（食糧・農業問題全集18）, 農山漁村文化協会
長濱健一郎 2003.『地域資源管理の主体形成』（現代農業の深層を探る2）, 日本経済評論社
農林水産省 2008.『平成18年度 食料自給率レポート』
服部信司 2004.『WTO農業交渉2004』, 農林統計協会
廣吉勝治 2006.「漁業政策における『多面的機能』に関する問題の整理」,『北日本漁業』34, pp.1-6.
守友裕一 2000.「地域農業の再構成と内発的発展論」,『農業経済研究』72巻2号, pp.60-70.
矢口芳生 1997.「効率と環境の両立を追求する農業・農村戦略—EU」,『WTO体制下の食糧農業戦略』（全集 世界の食料 世界の農村21）, 農山漁村文化協会
矢口芳生 2002.『WTO体制下の日本農業』, 日本経済評論社
家中茂 2001.「石垣島白保のイノー」, 井上真・宮内泰介編著『コモンズの社会学』, pp.120-141.
家中茂 2002.「生成するコモンズ」, 松井健編著『開発と環境の文化学』, 榕樹書林
山尾政博 2006.「わが国漁業制度と漁業管理制度のあり方」,『週間農林』1971号, pp.6-7.
山尾政博 2007.「東アジア巨大水産物市場の形成と水産物貿易」,『漁業経済研究』51巻1号, pp.15-42.
山尾政博 2008.「日本型水産物『フードシステム』の危機」,『エコノミスト』(2008年10月21日号), pp.50-53.
山下一仁 2004.『国民と消費者重視の農政改革』, 東洋経済新報社

（山尾政博, 久賀みず保）

第1章　水産基本計画・海洋基本計画と多面的機能

1. はじめに

　2007年3月，新水産基本計画が閣議決定され，翌2008年3月には海洋基本計画が閣議決定された。これらは日本の水産と海洋政策の運営にあたっての中期的な指針となることを踏まえ，本章ではこれらの中期計画における水産業や漁村，沿岸域の多面的機能の位置づけを確認する。

　2では水産政策において多面的機能の存在がどのように捉えられ，政策の中に位置づけられてきたのかを確認する。3では水産基本法・基本計画の概要とそこでの多面的機能の評価について述べる。4では海洋基本法・基本計画の概要とそこでの多面的機能の評価について述べる。最後に5では水産業や漁村，沿岸域が多面的機能を十分に発揮するための課題について小括する。

2. 水産政策における多面的機能論の展開

　水産業・漁村がその経済活動を行うさいに多面的機能の発揮を促すことは今日では政策課題の1つの柱として定着している。本節では玉置（2008）による整理を参照しつつ，その歴史的な経緯を確認しておこう。同氏によると，水産業が漁業生産以外の機能，つまり多面的機能を発揮していることが明文化されたのは，1987年7月が初めてであるという。水産庁長官の私的諮問機関である「漁業問題研究会」の第2回会議の場に，「我が国の水産業の役割」という文書が配布された。ここには，その役割として，水産物の安定供給以外に次の4つの点が併記されている。それらは，所得・雇用機会の場，海洋環境の保全，海の文化の継承，海洋性レクリエーションの場の提供である。この文書は，同年11月に出されたこの研究会の中間報告に取り上げられ，翌1988年の漁業白書（昭和62年度漁業白書）にも，「これらの役割を適切に果たしていくことが期待される」と示された。この段階では，「多面的機能」と

いう言葉は使われなかったものの，水産業の役割としての今日的認識がすでに存在していた。

しかしながら，次に漁業白書で取り上げられる1995年まで，多面的機能の認識には7年間の空白が生じることとなる。円高による輸入増など漁業の構造変化はすでに生じていたものの，マイワシの記録的な漁獲量に支えられて，漁業はなお，水産物の安定供給に主軸をおいた政策に十分集中していられたとも言える。1995年の漁業白書（平成6年度漁業白書）では，水産業の役割として1988年に掲げた認識を再掲し，これに都市住民とのふれあいの場，国土の均衡ある発展への寄与など「多面的な」役割があると結んでいる。玉置(2008) によれば，ここで初めて多面的という言葉が使われた。

翌1996年の漁業白書（平成7年度漁業白書）には，多面的役割は明示的には取り上げられなかったが，同年1月に生じた阪神淡路大震災で漁港や漁協が災害時に防災や救難の役割を果たしたことが示されている。また，この年には全国沿岸漁業振興開発協会（1996）が水産庁の委託を受けて水産業の多面的機能を取りまとめている。ここでは，二枚貝の代謝活動などによる水質浄化機能，離島への定住と就業機会の提供，人命救助などの役割があることが示された。しかし，玉置（2008）によると，水質浄化の機能を果たした魚介類を再び食用に供するということは，汚いものを食べているようでイメージが悪いという指摘が水産庁内部からなされたと言う。その結果，多面的な機能のうち水質浄化機能が再び取り上げられるのは3年後の1999年の漁業白書（平成10年度漁業白書）になる。ここでは漁業・漁村の公益的機能の定量化がコラムとして紹介され，そのなかで水産業には125万人分の水質浄化機能があることが示された。

1995年以降の漁業白書では，毎年，何らかの形で多面的機能の存在が示されるようになっている。ただし，既述のように1999年には「公益的機能」と呼ばれている。同年末に発表された水産基本政策大綱においても，水産業の公益的機能に対する国民的理解を深めること，水産業が海難救助，国境監視，環境保全に寄与していることが適正に評価されることの必要性が示されてい

る。2000年の漁業白書（平成11年度漁業白書）においても，国境監視や食糧安全保障など，公益的な側面が強調されている。しかしその後，2003年，2004年には多面的機能の定義づけと定量化の研究が行われ[1]，これらの研究成果を踏まえて多面的機能を発揮する主体が水産業と漁村であること，その内容は公益的な機能のみならず，国民のアメニティ向上に寄与するものであるという今日的な解釈が定着するようになった。

3. 水産基本法・基本計画と多面的機能

本節では水産基本法，基本計画において多面的機能論がどのように取り上げられているかを確認するとともに，2007年に定められた水産基本計画の作成過程での経過を見ていくこととする。

水産基本法は21世紀における水産に関する施策の基本的指針として，2001年6月制定された。4章39条建ての法律で，各章は第1章総則，第2章基本的施策，第3章行政機関及び団体，第4章水産政策審議会となっている。水産基本法の基本理念は1）水産物の安定供給の確保，2）水産業の健全な発展，の二本柱となっており，それらは第2章の第2節と3節を構成している。このうち，2）には安定的な漁業経営や漁場利用の合理化，水産加工流通，基盤整備など12の施策が掲げられている。

本書が対象とする多面的機能に関連しているのはこの12の施策のうちの最後の2項目，すなわち「漁村の総合的な振興」「多面的機能に関する施策の推進」であると考えられる[2]。表1-1にその内容を示している。同法ではまた，水産基本計画を定めて，「水産に関する基本的な方針」「自給率目標」「政府が総合的・計画的に講ずべき施策」を定めることが決められている。このうち漁村に関する施策では国土の総合的利用との調和を保つことが求められている。この法の定めに基づいて，水産基本計画が定められている。

1）水産基本計画（旧計画）の概要と多面的機能

水産基本法の制定を受けて策定された基本計画は，2002年3月に閣議決定

されている。2007年に策定された基本計画と区別するため，この基本計画のことを「旧計画」と呼ぶこととする。旧計画はその前年策定された食料・農業・農村基本計画を参考にしているため，農業で重要視している自給率目標の設定を後追いする形となっている。また同時に減少しつづける漁業就業者数の減少ペースを少しでも食い止めるということが目標に置かれた。その結果，食用魚介類の自給率は1999年の55％から策定当時の最新データである2004年には概算値でなお55％にとどまっているところ，2012年には65％へと上昇させること，沿岸漁業就業者数は2000年の14万人から趨勢のままでは2012年に6.5万人に減少するところを7万人とどめることが決まった。

　水産業・漁村の多面的機能に関連する施策は，すでに表1-1に示したように水産基本法の章立てに従い，またこれを補充するような内容になっている。具体的には，「漁村の総合的な振興」において，景観の保全や地域資源の活用を行うこと，「多面的機能に関する施策の充実」においては藻場・干潟の造成と海洋性レクリエーション（以下，海レクという）について触れた後，どのような機能があるかの実態を把握し，具体的な施策につなげていくこと自体を施策としている。なお，多面的機能に関する施策は水産庁において漁港・漁場整備といった，水産にかかわる公共事業予算にかかわる部署が担当しているためもあろうか，基本計画の文言は保存や保護よりむしろ「整備」「造成」という言葉が使われていることが旧計画における特徴である。

2）水産基本計画（新計画）の概要

　水産基本計画は計画策定から10年程度の将来に目標値を定めている。しかし社会経済情勢の変化を勘案し，5年ごとに見直すこととなっている。2002年に策定された水産基本計画の見直し作業はこうして2006年7月に開始され，2007年3月，水産基本計画が閣議決定された。

　2007年に決定した計画も，実は名称自体は「水産基本計画」で5年前のものと変わりはない。しかし第一期のものと区別するために，新水産基本計画と呼ばれることがある。ここでは2002年の旧計画と区別するため，必要に

表1-1 水産基本法，基本計画における多面的機能関連事項

法 事項	水産基本法 (2001年6月)	水産基本計画 (2002年3月)	水産基本計画 (2007年3月)
該当箇所	第3節 水産業の健全な発展に関する施策	2 水産業の健全な発展に関する施策	5 漁港・漁村・漁場の総合的整備と水産業・漁村の多面的機能の発揮
漁村の景観等の保全	漁村の総合的な振興 第30条 景観が優れ，豊かで住みよい漁村とするため・・・必要な施策を講ずるものとする。	(10) 漁村の総合的な振興 イ 水産業の基盤と漁村の生活環境の一体的な整備 自然環境の保全，良好な景観の形成，地域資源の循環利用の促進等に資するよう配慮する。 ウ 生活環境の整備その他の福祉の向上 I 生活文化，景観等の保全等に資する・・・。	(1) 力強い産地づくりのための漁港・漁場の一体的な整備 ア 我が国周辺水域の資源生産力の向上 藻場・干潟の造成・保全・・・を推進する。 (2) 安全で活力のある漁村づくり ウ 地域資源を生かした漁村づくり及び都市と漁村の共生・対流の促進 魅力的な地域資源を活用した漁村づくり，・・・都市と漁村の共生・対流の取組・・・。良好な漁村景観の保全・形成や文化的遺産の継承を促進する。
多面的機能の発揮	多面的機能に関する施策の充実 第32条 水産業及び漁村の有する水産物の供給の機能以外の多面にわたる機能が将来にわたって適切かつ充分に発揮されるようにするため，必要な施策を講ずるものとする。	(12) 多面的機能に関する施策の充実 都市漁村交流，藻場及び干潟の造成等の推進により，健全なレクリエーションの場の提供，沿岸の環境保全等の機能の適切な発揮に資する。また，水産業及び漁村の有する多面的機能全般について，その実態の把握及び国民的理解の促進を図るための調査，情報提供等を行うとともに，機能の計量化を含めた総合的な評価等を行う。さらに水産業及び漁村の有する多面的機能についての国民の理解と指示を得た上で，その適切かつ充分な発揮に向けた具体的な施策の在り方を検討する。(この項の全文)	(4) 水産業・漁村の有する多面的機能の発揮 ア 離島の再生を通じた多面的機能の発揮 イ 漁業者を中心とする環境・生態系保全活動の促進 藻場・干潟の維持管理等の沿岸域の環境・生態系を守るための取組が，水産動植物の生育環境の改善や水産資源の回復に資するとともに，水質の改善や生物多様性の保全を通じて幅広く国民全体にメリットをもたらすものであることを踏まえ，漁業者を中心としたこうした活動を推進する方策の確立を図る。(この項の全文)

出所) 水産基本法，水産基本計画から作成

応じて水産基本計画のあとに（新計画）と表記する。

　水産基本計画（新計画）は39ページからなる包括的な内容で，ここでは過去5年の情勢変化として，国際化，水産物の世界需要の高まり，資源状況の悪化，漁業生産構造のいっそうの脆弱化などを問題点としてあげている。計画の方向性として目新しいことは，1）自給率を目標とすることについて若干方針を転換したこと，2）輸出という選択肢ができたことを意識して国際競争力の強化を前面に押し出したことであろう。多面的機能の議論に入る前に，この点に言及しておこう。

　これらの特徴は相互に関連している。自給率は大要，国内供給量を分母に，国内生産量を分子においた割合である[3]。そしてこの目標は自給率が100％に満たないとき，つまり国内供給量の全量を国内生産で賄えないときに設定される。したがって，自給率を上げるという目標を置くときには，国内供給量を一定と想定しつつ国内生産量を上昇させること，言い換えれば輸入を減らすことを暗黙に想定している。ところが日本の水産物が海外で注目されて輸出の道が開け，また国内では水産物需要が減ったために国内供給量が減った。そうした成り行きの末に自給率の中期目標であった57％が皮肉にも前倒しで達成されることとなった。この間，国内生産量は減少している。言い換えれば国内生産の落ち込みよりも大きい割合で国内供給が減少したのである。目標達成は喜ばしいことだが，それが本来目的とは異なる形で実現された。計画策定当局がこの現象を意識したためか，水産基本計画（新計画）では自給率目標設定について慎重な書きぶりに変更し，また目標自体を前面に押し出すことを避けている。

　内需は今後も長期的に低迷すると見込まれている。一方海外では健康ブーム・日本食ブームと相俟って日本産の水産食材が注目され，輸出の道が開け始めている。日本の輸入量は輸出量の5倍以上もあり，なお国内供給量の4割強を輸入品が占めている。しかし「買い負け」と言う言葉が象徴するように世界の水産物の仕向け先がひとり日本に向くという状況ではなくなった。自給率の上昇はこうして輸入が伸び悩んだことも原因の一つである。そのよ

うなことから日本の水産業が国際的な市場で輸出に耐える品質を保ち続けるとともに，国内市場でも海外からの輸入品と遜色ない品質を保つという必要性が生まれてきた。国際競争力の強化という目標はこのような背景から持ち出されたものであると考えられる。

3）水産基本計画（新計画）における多面的機能の位置づけ

　水産基本計画（新計画）において，「水産に関し総合的かつ計画的に講ずべき施策」は6項目立てられている。その内容は，図1-1の「政策の課題と関連施策」に示されている。このなかで，多面的機能は「5. 漁港・漁場・漁村の総合的整備と水産業・漁村の多面的機能の発揮」という項目立てで示されている。ここでタイトルにある「総合的整備」とは，水産業に関わる公共事業予算が充てられる施策である。水産予算の6割を占めることから，その実効性・必要性に疑問の声も上がっているものである[4]。多面的機能はこの施策と同居する形で掲げられている。本項での多面的機能の役割については図1-2に示されている。具体的には，（力強い産地作りのための）漁港・漁場の一体的な整備において，藻場・干潟の造成・保全を図ることが示されている。安全で活力のある漁村づくりにおいては，地域資源を生かした漁村づくりとともに，図1-2には示されていないが漁村景観の保全・形成，文化的遺産の継承も施策に掲げられている。そして水産業・漁村の有する多面的機能の発揮においては，離島漁業の再生を通じた多面的機能の発揮，および（漁業者を中心とする）環境・生態系保全活動の促進が掲げられている。

　これらは多面的機能のなかの重要な機能ではあるが，水産業・漁村のもつ多面的機能はこれに留まらない。そのなかで，水産公共事業として予算化しやすい機能が明示的に示されたということもできる。水産公共事業を遂行するためのメニューのひとつに位置づけが変化していると読み取ることもできるだろう。

　表1-1には基本法や旧計画と並列してこれら該当部分の条文を掲載している。基本法の組み立てに従って計画が策定された旧計画と異なり，水産基本

計画（新計画）では章立ての組みなおしが行われた。その結果，施策の項のひとつに「多面的機能」が押し出されることになった。水産基本計画における多面的機能の重要性が一段と増したということであろう。「漁村の総合的な振興」の項では，旧計画でも取り上げられていた景観に関する施策に先んじて，藻場・干潟の造成・保全が謳われた。藻場・干潟については，次の「多面的機能の発揮」の項でも再び触れられている。

「多面的機能の発揮」の項では離島の再生と環境・生態系保全活動の推進が二つの柱として示されている。後者の環境・生態系保全活動はまた，漁業者を中心とした活動をすることにより環境の改善・回復をはかることと明記されていることが特徴となっている[5]。

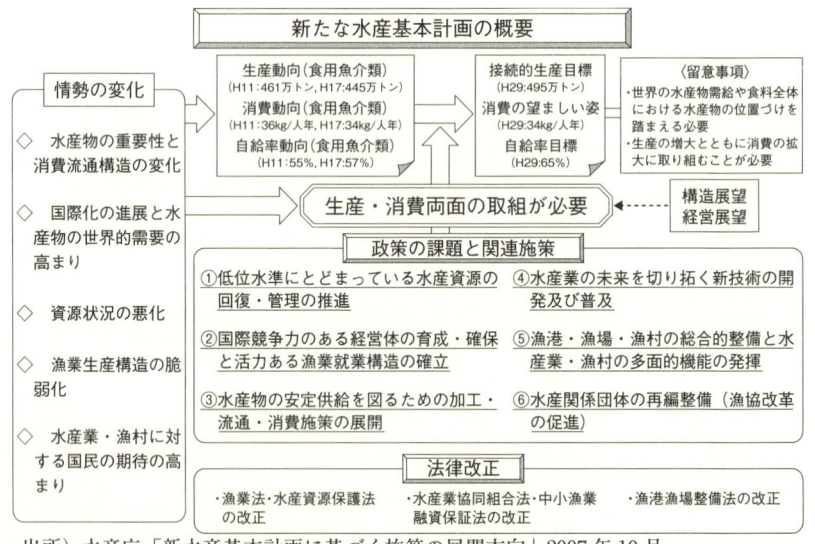

出所）水産庁「新水産基本計画に基づく施策の展開方向」2007年10月

図1-1　水産基本計画の概要と多面的機能の位置づけ

```
┌─────────────────────────────────────────────────┐
│    どのように漁港・漁場・漁村の整備を図るのか    │
└─────────────────────────────────────────────────┘
```

情勢の変化	展開する主な政策	

情勢の変化
- 漁場環境の悪化、資源生産力の低下
- 消費者ニーズの変化に対応した集出荷体制の整備の遅れ
- 漁村の生活環境整備、防災水準の立ち後れ
- 水産業・漁村の多面的機能への国民の期待の高まり

展開する主な政策

漁港・漁場の一体的な整備
○ 我が国周辺水域の資源生産力を向上
  ・藻場・干潟の造成・保全
  ・国主体の漁場整備事業による沖合域の資源生産力の向上
○ 国際競争力強化を図るための水産物供給基盤を整備

安全で活力のある漁村づくり
○ 防災力を強化
  ・災害に強い漁業地域づくりガイドラインの普及
  ・避難路・避難地の整備
○ 生活環境を向上
  ・汚水処理施設等の整備
○ 地域資源を活用した漁村づくりや都市と漁村の共生・対流の取組の全国展開を促進

水産業・漁村の有する多面的機能の発揮
○ 離島漁業再生支援交付金事業を着実に推進
○ 藻場・干潟の維持管理等の環境・生態系保全活動を促進する方策を確立

→ 環境・生態系の保全など水産業・漁村の有する多面的機能を十分に発揮、漁港・漁場整備を通じた力強い産地づくり、安全で活力ある漁村を実現

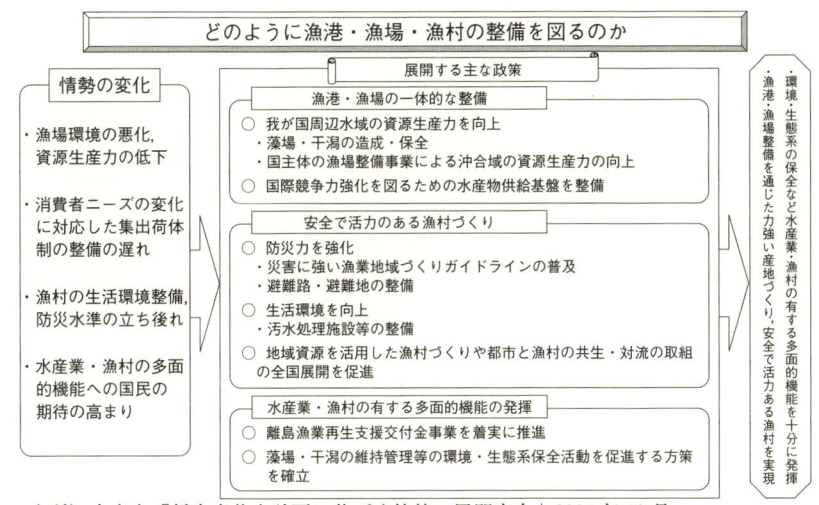

出所）水産庁「新水産基本計画に基づく施策の展開方向」2007年10月

図1-2　漁港・漁場・漁村整備における多面的機能の役割

4. 海洋基本法・基本計画と多面的機能

　海洋基本法は2007年3月に成立した新しい法律である。一般に法案の策定初期から法律の制定までの間には長い年月を要するものであるが、海洋基本法はそれを作成すべきであるという原案が出されてから1年弱で成立した。本項では海洋基本法の概要を紹介するとともに、基本計画の中に多面的機能がどのように取り扱われているかを検証する。

　結論から言えば、海洋基本計画には水産業、漁村の果たす多面的機能についての記述は少ないが、海洋それ自体が持つ多面的機能、多面的役割、多面的利用がさまざまに存在することが確認され、そのなかで沿岸域や藻場、干潟、サンゴ礁などの重要性が認識されている。海洋は今後、資源・エネルギー開発の場としても利用されることが見込まれているが、少なくとも沿岸域に関する限りは自然生態系が提供する多面的機能を十分発揮させ、これを維持することが重要であるとの考えがなされたと解釈することができるだろう。

このことは「海洋の恵沢」や「里海の保全」などのキーワードからも十分確認できる。

1）海洋基本法の概要と多面的機能

海洋基本法は4章38条建ての法律である。章の構成は，第1章　総則，第2章　海洋基本計画，第3章　基本的施策，第4章　総合海洋政策本部となっており，法の内容に関ることは第1章と第3章に示されている。第1章には法の基本理念として6つの項目が立てられている。そして第3章には12項目の基本的施策が挙げられている。

後述する海洋基本計画はこの法にもとづき策定されたもので，法の第1章に掲げている6つの基本理念を中心に据え，これに肉付けを加えたものと解釈できる。そこでまず，海洋基本法・基本計画の理念として，6つの理念を簡潔に述べる。

(1) 海洋の開発・利用と海洋環境の保全との調和

海洋の開発と利用は経済社会の存立基盤である。生物の多様性や良好な海洋環境を保つことは人類の存続基盤であり，豊かな国民生活にとって不可欠な要素である。将来にわたって海洋の恵沢を享受できるようにするためには海洋を保全し，持続的な開発と利用をすることが必要である。

(2) 海洋の安全の確保

安全の確保のための取組が必要とされている。経済の発展や生活の安定にとって，エネルギー資源や食料は必要だが，その輸出入の多くを海上輸送に頼っている。日本は長い海岸線と島によって成り立つ島嶼国で広大なEEZを持つ一方，海難事故などの予防への取組も必要である。

(3) 海洋に関する科学的知見の充実

海洋の開発，利用，環境保全のために科学的知見を蓄えることが必要である。特に海洋には解明されていない分野も多い。すでに実施されてきている各種海洋調査を推進しつつ，データの共有化によって更なる充実を図る必要がある。

(4) 海洋産業の健全な発展

海洋の開発，利用，保全を担う産業として海洋産業がある。海運業と水産業は長い歴史を持つが，日本船籍の減少や漁船の減少，船齢の高齢化が起こっており，海洋の持続的開発・利用にとって憂慮すべき事態である。これらの産業の体質強化と新産業の創出が必要である。

(5) 海洋の総合的管理

海洋資源，海洋環境，海上交通，海洋の安全など海洋に関する諸問題を全体として検討する場が必要である。海洋に関する諸情報を蓄積し，一体的に管理を行うこと，沿岸域については陸域からの影響を考慮しつつ土砂・栄養塩の移動や循環の影響を緩和し利活用することが必要である。

(6) 海洋に関する国際的協調

海洋は人類共通の財産である。日本が国際的な秩序形成と発展に先導的役割を担うことが求められている。地球温暖化問題の解決に向けた海洋観測，物質循環メカニズムに関する調査研究も求められている。

海洋基本法のなかには「多面的機能」という文言自体は盛り込まれていない。しかし水産庁の整理によると，これら6つの理念のなかで，「水産業・漁村の」多面的機能の発揮と関連するのは (1), (4), (5) である[6]。(1) 海洋の開発・利用と海洋環境の保全との調和，の部分には「将来にわたって海洋の恵沢を享受できるようにする」という格調高い文言が示されているが，これを経済学の用語に置き換えれば，長期的な社会的利益を国民に還元することとなろう。社会的利益を生み出させるためには外部不経済を内部化するとともに外部経済を十分に発揮させることが必要であり，これを言い換えれば多面的機能の発揮を目指すと言うことになる。(4) の海洋産業は水産業と海運業について述べられており，むしろ本来機能の説明である。(5) 海洋の総合的管理の部分では，たとえば沿岸域を例に，陸域からの影響を考慮すること，土砂・栄養塩の移動や循環を注視すること，陸域からの影響を緩和し，また利活用することが謳われている。これは魚介類や海藻類が陸域から排出される窒素・リンなどを回収し，これを人間が食べることで海中と陸域の間

を栄養塩が循環するメカニズムを指しており，沿岸域の多面的機能として上げられている機能の一つでもある。

さて，海洋基本法では上記の6つの理念のもとに以下の12の基本的施策を掲げている。それらはそのまま，海洋基本計画の施策の柱となっている（カッコ内は概要）。

（1）海洋資源の開発および利用の推進（生物・鉱物資源，環境，生産力）
（2）海洋環境の保全等（温暖化，汚濁の負荷，廃棄物，景観）
（3）排他的経済水域等の開発等の推進（特性に応じた開発，主権的権利）
（4）海上輸送の確保（日本船舶，日本人船員，港湾整備）
（5）海洋の安全の確保（平和，安全，治安，災害の防止と復旧）
（6）海洋調査の推進（国が環境変化を予測して情報を提供）
（7）海洋科学技術に関する研究開発の推進等（研究開発の推進，連携）
（8）海洋産業の振興及び国際競争力の強化（経営基盤強化，競争条件整備）
（9）沿岸域の総合的管理（陸域起因問題，総合的措置）
（10）離島の保全等（多くの役割，必要な措置）
（11）国際的な連携の確保及び国際協力の推進（調査，防災，救助）
（12）海洋に関する国民の理解の増進と人材育成（教育，海レク，人材育成）

これらのうち，海洋の多面的機能に直接関連すると考えられるのは次の(2)，(9)，(10)の3つの施策である。とりわけ(9)では，陸域からの影響を考慮すべきこと，土砂や栄養塩の移動や循環の影響の緩和や利活用が必要であることが記述されているが，これは「水産業・漁村の」多面的機能というよりはむしろ，「海洋の」多面的機能および多面的利用に着目した施策である[7]。詳しい内容については次節で検討する。

2）海洋基本計画における多面的機能の取扱い

海洋基本法はその第16条（第2章　海洋基本計画）において，海洋基本計画を定めなければならないと定めている。これにもとづいて2008年3月，海洋基本計画が閣議決定された。以下では海洋基本計画の概要とそのなかで

多面的機能がどのように取り扱われているかを見ていくこととする。

　海洋基本計画は総論および3つの部で構成されており，それぞれの題名は第1部　海洋に関する施策についての基本的方針，第2部　海洋に関する施策に関し，政府が総合的かつ計画的に講ずべき施策，第3部　海洋に関する施策を総合的かつ計画的に推進するために必要な事項，となっている。第1部は海洋基本法の6つの方針を踏襲しており，また第2部は同法の12の施策を踏襲している。その意味では海洋基本法と比べて目新しさはないが,「里海」という概念が導入されたことが海洋基本法にはなかった新しい展開である。

　里海は，第2部1　海洋資源の開発及び利用の促進（1）水産資源の保存管理，において「沿岸海域において，自然生態系と調和しつつ人手を加えることによって生物多様性の確保と生物生産性の維持を図り，豊かで美しい海域を創るという『里海』の考え方の具現化を図る」と述べられている。また同2　海洋環境の保全等の施策の頭書きにおいても,「沿岸域のうち，生物多様性の確保と高い生産性の維持を図るべき海域では海洋環境の保全と言う観点からも,『里海』の考え方が重要である」と示されている。海洋基本計画ではメタンハイドレート，海底熱水鉱床などのエネルギー・鉱物資源の開発を推進することが重要課題となり，踏み込んだ記述もなされている。そうした非生物系の海洋利用は海洋環境に負の影響を与えかねない。そこで沿岸域との地理的限定はあるが，里海の考え方を取り入れることによって水産業の継続・発展と生物系の環境保全を担保しようと意図されていると考えられる。

　表1-2には，海洋基本計画において多面的機能に関連すると考えられる記述を抜粋している。ここから，本基本計画では，我々が本書において意図している「水産業・漁村の」多面的機能より広義の，海洋の多面的な機能や役割が認識されていることがわかる。また，海洋がその多面的な役割を失うきっかけとなるような負の効果，すなわち外部不経済の存在も強調されている。海洋が多面的機能を有することは当然のことながら，本基本計画ではこれをさらに沿岸域，陸域，海岸，離島などに分割して，それらに固有の多面

的機能があることを記述していることが特徴であろう。

　水産業に関連して特記すべきことを2点挙げておきたい。その1つは，水産基本計画（旧計画，新計画）で「藻場・干潟」等と記載されていた部分について，海洋基本計画では「サンゴ礁，砂浜，磯」まで書き込まれていることである（第2部1(1)イ，第2部2，第2部9(1)）。そしてこれらを漁業者とともに保全・再生することが明示されている。2つ目は，漁業が海洋環境に与える外部経済，すなわち多面的機能が認識されていることである（第2部9(1)ウ）。水産業が発揮する多面的機能として明示されているのはこの部分のみだが，離島が多面的機能を有していることもまた間接的に漁業が果たしている機能と解釈することができる。

5. おわりに

　本章では水産基本計画や海洋基本計画のなかで水産業・漁村の多面的機能がどのように取り扱われているかを検討した。水産基本計画の中では漁業・漁村の多面的機能は明示的に取り扱われてはいるが，それは港湾や漁場の整備という公共事業の文脈の中でのことであり，いわば予算化しやすい機能が前面に押し出される形となっている。漁村や漁業，また漁業に従事する漁業者の存在が発揮する多面的な外部経済を最大限に享受しようと言う本来的な目的とはやや異なると言わざるを得ない。

　海洋基本法・海洋基本計画のなかには多面的機能という文言は含まれていない。ただし海洋基本計画に盛り込まれた「里海」という新しい概念が，海洋に多面的機能が存在すること，これを守る上で沿岸域では資源・エネルギー開発との相克があることを示している。

　ところで海洋基本法・基本計画において認識されている機能の多くは海洋それ自身がもつ多面的機能である。本書序章において山尾・久賀は「海が本来的に持っている物質循環機能と人間の社会経済活動の過程から生み出されてくる多面的機能の峻別がなされているとは言い難い」と述べている。本章で整理した，海や海岸，沿岸域がもつ機能は前者に属し（ただし，その機能

表1-2 海洋基本計画の多面的機能に関する記述

条項	記述（抜粋）	多面的機能との関連
総論（1）	海洋は巨大な容量と浄化機能により人間の諸活動による環境負荷を希釈・分解し，良好な環境を維持してきた	海洋自身がもつ環境浄化機能
総論（2）	経済活動が活発化する中で様々な海洋利用活動が輻輳，陸上における諸活動が海洋に与える影響が無視できない	海洋が被る外部不経済
総論（2）	様々なエネルギー・鉱物資源，海洋微生物資源等の存在が明らかになってきた	海洋のもつ多面的機能
第1部5	海域の利用実態をみると，複数の利用者が同一の海洋空間を立体的，時間的に住み分けながら利用しあうことが一般的	海洋の多面的・重層的な利用が可能であること
第1部5	陸域からの汚濁負荷，漂流・漂着ゴミ問題，生物多様性の確保，海岸浸食などへの対応と対策	海洋が被る外部不経済
第2部1（1）イ	水産資源の生育に重要な藻場，干潟，サンゴ礁等の保全・再生を推進。漁業者等が取り組んでいるこれらの維持管理等の公益的な活動への支援を推進	漁場の生産力の増進（本来機能）を目的とした施策として
第2部2	生物資源の宝庫としてあるいは美しい自然景観やアメニティの場として，国民が海洋の恵沢を持続的に享受し続けることができるようにする	海洋の多面的機能の維持
第2部2（1）	干潟等の積極的な再生・回復，陸域からの土砂や栄養塩の供給の適正化等の陸域と一体となった取組	生物多様性の確保の面からの海洋の生態系維持
第2部9	沿岸域では砂浜，磯，藻場，干潟，サンゴ礁等が形成されている。また多様な生物が生育，水産資源の獲得，人流・物流の拠点，工業地帯の形成，レクリエーション，豊かな景観等の多様な機能を有している	沿岸域のもつ多面的機能
第2部9（1）ウ	陸域から海域に流入する窒素，リン等の栄養塩類が魚類，藻場等の水生生物の育成に不可欠であるため，「漁場保全の森づくり」を推進する	陸域が海域に及ぼす多面的機能（外部経済）
第2部9（1）ウ	栄養塩類が過剰な海域では水質を改善するため，水生生物の適切な採捕及び活用等による循環システムの構築	陸域起因の外部不経済，漁業による内部化（漁業の多面的機能）
第2部9（1）オ	海岸は多様な生物が生息・生育する貴重な場であり，美しい砂浜などが文化・歴史・風土を形成	海岸の多面的機能
第2部10	離島は管轄海域を設定する根拠の一部，海上交通の安全，海洋資源の開発及び利用，海洋環境の保全に重要な役割	離島の多面的機能

出所）海洋基本計画（2008年3月）から作成

は物質循環機能に限らない），漁業による水産物の取り上げや（有人）離島が

発揮する機能は後者に属するということができるのではないか。海洋の持つこうした多面的機能を水産業・漁村の多面的機能のなかにどのように取り込んでいけるか，どのように生かして機能を発揮させていけるかが今後の政策担当者，研究者に課せられた課題である。

注：
1) それぞれ水土舎（2003），日本学術会議（2004）を指す
2) この2つの施策にはさまれて「都市と漁村の交流等」という施策（第31条）があるが，遊漁船業の適正化等を内容としているため，筆者は多面的機能と直接の関係がないと判断している。
3) 期末・期首在庫がこれに加わる。
4) たとえば，水産業改革高木委員会（2007）を参照。
5) 2008年5月には水産庁に環境・生態系保全活動支援制度検討会が設置され，同年7月の中間取りまとめにおいても，漁業者を中心とした組織が藻場・干潟等の保全活動を行うこと，そうした取り組みを支援するための施策を講ずることが提案されている。また，これに先立ち2007年度から地域の実態把握や保全管理の手法の検討を行う調査が実施されてきた。
6) 2008年8月31日，第370回海洋産業定例研究会における水産庁企画課課長補佐（当時）広山久志氏の講演「新水産基本計画に基づく施策の展開方向」配布資料＜メモ＞による。
7) 多面的機能は経済学でいう外部経済（の享受）と類似した概念であろう。本施策には，この外部経済を享受することと同時に，陸域起因の汚染など，海洋が被る外部不経済の存在とその除去も含まれている。

引用文献：

水土舎 2003.『平成14年度委託事業報告書 水産業の多面的機能』
水産業改革高木委員会 2007.『魚食をまもる水産業の戦略的な抜本改革を急げ』社団法人日本経済調査協議会
全国沿岸漁業振興開発協会 1996.『漁業の公的機能の解明に関する調査報告』
玉置泰司 2008.「水産業・漁村の多面的機能に関する認識の発展と政策形成の特徴」，地域漁業学会シンポジウム『地域漁業と多面的機能』発表資料
日本学術会議答申 2004.『地球環境・人間生活にかかわる水産業及び漁村の多面的な機能の内容及び評価について』

（山下東子）

第2章　水産業及び漁村の多面的機能と水産物自給

1. はじめに

「水産基本法」第32条は多面的機能の条文であり，「国は，水産業及び漁村が国民生活及び国民経済の安定に果たす役割に関する国民の理解と関心を深めるとともに，水産業及び漁村の有する水産物の供給の機能以外の多面にわたる機能が将来にわたって適切かつ十分に発揮されるようにするため，必要な施策を講ずるものとする。」と規定している。すなわち，水産業及び漁村は水産物を供給する機能以外にも，漁村には漁業者をはじめとした地域住民が居住し，漁業生産活動が継続的に行われることを通じて，国民生活及び国民経済の安定に資するようなさまざまな効果と役割を果たしている。この条文は，これらの効果と役割を「多面的機能」と総称し，この機能についての国民の理解と関心を深めるとともに，将来にわたって適切かつ十分な機能発揮を図るべきことを位置付けたものである。

ここで重要な点は，多面的機能の発揮において，その鍵を握るのは漁業者の存在であり，漁業生産活動が継続的に行われることによって機能発揮ができるという点である（廣吉2008）。では，漁業及び漁業者とは何か。「漁業法」第2条では，漁業とは「水産動植物の採捕又は養殖の事業」であり，漁業者とは「漁業を営む者」と規定している。すなわち，漁業者は水産動植物の採捕又は養殖の事業を営み，「水産基本法」の基本理念にあるように，国民に対して，将来にわたって良質な水産物を合理的な価格で安定的に供給しなければならない重大な責任と義務を負う小商品生産者のことである。

ところが，国民に対する水産物の安定供給は国内水産物だけをもって確保できないのが現状であり，その状況は漁業の担い手である漁業者の弱体化が急激に進行する中で，ますます強まりつつある。そこで，「水産基本法」第2条第3項では，「国民に対する水産物の安定的な供給については，世界の水産

物の需給及び貿易が不安定な要素を有していることにかんがみ，水産資源の持続的な利用を確保しつつ,我が国の漁業生産の増大を図ることを基本とし,これと輸入とを適切に組み合わせて行わなければならない。」と規定している。実際に，食用魚介類の自給率は，過去10年以上にわたってほぼ50％台で推移しており，すでに輸入水産物を抜きにして国民への水産物の安定供給は考えられない構造的な依存体質が形成されている。

　このような我が国の輸入水産物への依存体質の中で，多面的機能に関する施策が講じられていることから，この機会に現段階における水産業及び漁村の多面的機能の意義とは如何なるものかについて考えてみたい。特に，この問題を「国内水産物」（水産物自給）vs「輸入水産物」（貿易自由化）という競合構図（対立構図）の中でとらえ，2005年に多面的機能に関する施策として講じられている「離島漁業再生支援交付金制度」（以下，「離島交付金制度」という。）を対象に検討し，今後の水産業及び漁村の多面的機能について考える素材を提供したい。なお，2009年には水産業及び漁村の多面的機能の新たな施策として，魚介類の生息場所として重要な沿岸域の藻場や干潟，サンゴ礁の保全・回復活動を支援する「環境・生態系保全活動支援に関する制度」の創設が予定されているようであるが，この制度の検討については今後の課題である。

2. 水産業及び漁村の多面的機能

　『漁業白書』（2000年，翌年から『水産白書』に名称変更）では，水産業及び漁村の多面的機能とは，「水産業及び漁村の有する水産物の供給の機能以外の多面にわたる機能」のことであり，主な機能として次の6つの機能を挙げている。

　① 健全なレクリエーションの場の提供
　釣り，潮干狩り等の遊漁に加え，ヨット，ダイビング等の海洋性レクリエーションの場を提供している。

② 沿岸域の環境保全

漁業は，自然環境や生態系と調和してはじめてその発展を期することができる産業であることから，海浜の清掃や漁網に混入したゴミの処理等が日常的に行われている。

③ 海難救助への貢献

漁業者は地先海域で周年操業し，海域の様子を熟知していることに加え，昼夜を問わず直ちに漁船で救助に出動できることから，海で遭難した人や船舶等の救助において不可欠な存在となっている。

④ 国境監視への貢献

沿岸域において日常的に漁業活動が行われていることを通じ，密入国や領海侵犯の防止等国境域の監視の役割を果たしている。

⑤ 防災への貢献

防波堤等の漁港施設等は，漁業者のみならず地域住民を高潮，津波等の自然災害から防護する役割を担うとともに，漁港は，漁船以外の船舶の緊急避難の場としても役立っている。

⑥ 固有の文化の継承

地域の実態を踏まえた特色のある漁業生産活動が継続されていることを通じて，特徴ある漁法や漁労用具，地域色豊かな魚食文化，季節の伝統行事などが継承されている。

その後，2001年に制定された「水産基本法」を契機として，全国漁業協同組合連合会（以下，全漁連という。）では，水産庁より多面的機能評価等調査委託事業を受けて「多面的機能評価等検討委員会」を設置し，2001年及び2002年の2年間にわたって検討を行い，水産業及び漁村の多面的機能の定義と分類について，かなりの精緻化を図った（水産庁2003等）。そこでは，次のように多面的機能の定義と分類を行っている。

まず，定義については，OECDで行われた農業分野での多面的機能の分析作業における暫定的な定義を参考として，第1に漁業生産活動（養殖業を含む）と一体的に発揮される機能であること，第2にその機能が公益性を有す

ること，第3にその機能を評価する市場が存在せず，外部経済性を有していること，という条件を満たす機能であるとした。

次に，この定義に基づいて，多面的機能を6類型のカテゴリーに分類した。第1は物質循環機能，第2は環境保全機能，第3は国民の生命財産保全機能，第4は保養・交流・学習機能，第5は漁村とその文化伝承機能，第6は所得と雇用機会の提供機能である。この中で，特に注目すべき新たな機能は「物質循環機能」と「所得と雇用機会の提供機能」である。物質循環機能とは，次のような機能のことである。すなわち，地球上の水循環に伴って，陸域での人間活動によって発生した物質（窒素やリン等の栄養塩類）は海に流入する。海に流入した物質は食物連鎖によって魚介類に蓄積される。漁業は，この魚介類を捕獲して陸上にとりあげることによって，陸への物質循環の役割を担っているという，循環社会形成の重要な機能として位置付けている。また，所得と雇用機会の提供機能については，一応市場を通じて評価されている機能（内部経済）ではあるが，第1に「水産基本法」では水産物供給以外の機能を多面的機能として定義していること，第2に漁業が我が国の沿岸地域に所得と雇用機会の場を提供していることによって地域経済を支え，かつ国土の多様性と特徴ある地域社会を形成していることが大きな公益性を有しているとの観点から，多面的機能に含めたのである。

さらに，2003年10月には，農林水産大臣より日本学術会議に対して，「地球環境・人間生活にかかわる水産業及び漁村の多面的な機能の内容及び評価」についての諮問が行われ，多面的機能の内容を明らかにするとともに，その定量的な評価の手法や今後の調査研究の展開方向のあり方などを中心に，幅広い学術分野からの横断的な調査及び審議が行われた。そして，2004年8月に，日本学術会議は農林水産大臣に対して，『地球環境・人間生活にかかわる水産業及び漁村の多面的な機能の内容及び評価について』を答申した。

これらの経緯を踏まえて，全漁連では，水産庁より水産業及び漁村の多面的機能支援化事業の委託を受け，2003年及び2004年の2年間にわたって，国民のコンセンサスの形成と促進を図るとともに，多面的機能の適切かつ十

分な発揮に資するための具体的な支援方策の実施に向けた検討を行っている（全漁連 2004 等）。しかし，いずれにしても水産業及び漁村の多面的機能の検証は農業と森林及び農山村の多面的機能に比較して緒に就いたばかりであり，この機能の定量的な検証が十分に行われているわけではなく，定性的な理解さえも社会的に浸透している状況ではない（小野 2007）。これから水産業及び漁村が果たしている多面的機能について，国民的な理解を得られるよう総合的な検証と評価を推進する段階に入ったといえる。

3. 多面的機能をめぐる議論

多面的機能は，自由貿易政策の偏重に対する異議申し立ての根拠として期待される新たな概念である。特に EU 諸国では，アメリカやオーストラリア，カナダ等の穀物大国からの安価で大量の農産物の輸出攻勢による自国の農業及び農村の凋落を警戒し，多面的機能を農村活性化方策として採用している。これに対して穀物大国は，多面的機能が保護主義思想の隠れ蓑となり，自由貿易を歪曲すると批判し，多面的機能をめぐって両陣営が激しいせめぎ合いを展開している。それにしても EU 諸国の農林業及び農山村を守ろうとする政策視点には大きなぶれもなく，高い食料自給率を維持しているのに対して，我が国は現在，世界史的にもまれな最低の自給率水準に陥っている（祖田他編 2006）。

漁業の自給率も同じく低落傾向が続いている。近年の水産物輸入の攻勢が強まる中，我が国漁業の凋落は著しく，近い将来産業的縮減による水産業及び漁村の崩壊が懸念されており，政府は「水産基本法」に則って「意欲と能力のある経営」に施策を集中して水産業の振興を図るべく，積極的な漁業の担い手政策を展開している。こうした状況下において，水産業及び漁村の多面的機能が議論され，新たな水産政策として重点的に推進されようとしている。当然，そこには漁業生産活動を担う最も重要な本来的機能である水産物自給が大前提にあり，その機能が保障されているところに存する水産物供給以外の機能こそが国民に安心をもたらす多面的機能であるとの共通認識があ

るものと考える。

　学会においても，2005年に北日本漁業経済学会のシンポジウムにおいて，「漁業の多面的機能に関する検討の課題と展望」と題して多面的機能が取り上げられ，議論された経緯がある（北日本漁業経済学会2006）。その議論等を踏まえて，水産業及び漁村の多面的機能をめぐる論点を整理すると，大きく2つに分けることができる。

　第1は，産業活動との関わりという視点である。農林業の場合，多面的機能を産業活動の外部経済効果として分類可能であるが，水産業及び漁村の場合は産業活動との関係がいま一つ明瞭ではない。この弱点が水産業及び漁村の多面的機能を不鮮明にしており，国民的理解の妨げになっていると考える。しかし，水産業及び漁村にあっては，漁業者が「水産動植物の採捕又は養殖の事業」（漁業生産活動）を営むことによって創り出される豊かな多面的機能を有し，それが漁村社会の形成・維持に不可欠なものとして認識され，漁村生活・文化として大切に保持されてきた。したがって，漁業者の生産活動なくして水産業及び漁村の多面的機能の発揮もあり得ず，決してその逆ではなく，多面的機能が生産活動と一体的に発揮される機能であると性格付けられる。だからこそ，水産業及び漁村の多面的機能の発揮において，その鍵を握るのは小商品生産者であって，国民への水産物の安定供給を担う漁業者の存在であり，彼らの生産活動が営まれているところにこそ多面的機能が存するのである。

　第2は，地域活動との関わりという視点である。それは水産業及び漁村の多面的機能の維持・保全を最優先に考えるならば，漁業集落の維持・存続を図ることがもっとも効果的かつ効率的であるとの見方である。この立場に立てば，従来の水産政策の見直しが必要であり，新たな水産政策の方向を導き，政策転換を促進させるための起爆剤として多面的機能を位置付けることができる。すなわち，多面的機能の発揮において，その鍵を握るのは漁業集落の存在であり，その維持・存続するところに多面的機能が存するという考え方である。そこには漁業を営む生産活動の担い手という視点が著しく希薄であ

り，漁業集落に居住する地域住民がクローズアップされ，漁業者が対象というより，非漁業者を含めて，漁業集落で暮らす住民全般を包括して対象となってくる。

　以上のような2つの論点を「国内水産物」（水産物自給）vs「輸入水産物」（貿易自由化）という視点から捉えると，多面的機能をめぐって，「国内水産物（水産物自給）＋多面的機能」vs「輸入水産物（貿易自由化）＋多面的機能」という競合構図（対立構図）が成り立つのではないだろうか。すなわち，前者の「国内水産物＋多面的機能」は，多面的機能が漁業生産活動と一体的に発揮される機能であると性格付け，国内漁業の振興（水産物自給）を重視する組み合わせであり，第1の生産活動基調の論点に関係する。これに対して後者の「輸入水産物＋多面的機能」は，水産業及び漁村に対して水産物の供給機能を期待するのではなく，漁業集落の多面的機能の発揮を期待するという輸入水産物の促進（貿易自由化）を重視する組み合わせであり，第2の政策転換基調の論点に関係する。この2つの論点を念頭において，2005年に講じられている水産業及び漁村の多面的機能の施策の一つである「離島交付金制度」をめぐる問題点について，次に具体的な検討を行ってみたい。

4. 離島漁業再生支援交付金制度の概要
　1）制度の趣旨

　離島の漁業は，輸送や生産資材の調達などにおいて，一般的に不利な条件にあることから，漁業就業者の減少や高齢化が進行している。離島における漁業の現状をこのまま放置してしまうと，漁業資源の活用が図れなくなり，水産業及び漁村の持つ多面的機能の低下が懸念される。このため離島の漁業集落が行う漁業再生活動への支援を通じて離島漁業の再生を図りつつ，離島の水産業及び漁村が発揮する多面的機能の維持・増進を図るという趣旨である。ここで留意すべき点は，漁業集落が行う漁業再生活動という点である。

　2）対象地域

　対象地域は，一般離島と特認離島である。一般離島とは，離島振興法で指

定された離島及び沖縄・奄美・小笠原の各特別措置法の対象地域のうち，本土から一定距離以上（航路時間でおおむね30分以上）離れている離島の地域をいう。特認離島とは，離島振興法で指定された離島及び沖縄・奄美・小笠原の各特別措置法の対象地域のうち，本土から一定距離未満（航路時間でおおむね30分未満）の離島の地域について，地理的・経済的・社会的な不利性等が高いとして，都道府県知事が客観的なデータに基づき特に認めた離島の地域をいう。

3）対象集落

市町村が策定する「市町村漁業集落活動促進計画」（以下，「促進計画」という。）に基づいて，「集落協定」を締結した漁業集落を交付対象とする。その漁業集落とは，第1に漁業センサスの定義に該当する漁業集落，第2に中核となりうる主業的漁家を含む3経営体以上のグループ（漁業生産・加工・流通のいずれかで，漁業経営に必要な共同作業を一つ以上行う集団）がいる漁業集落という要件を満たした集落のことである。

ここで留意すべき点は，共同で漁業の再生に取り組む中核となりうる主業的漁家グループ（以下，「中核的グループ」という。）がいる漁業集落が交付対象であり，「中核的グループ」の存在は交付対象の漁業集落であるか否かを見極める要件にしかすぎないという点である。「中核的グループ」の発展があってこそ漁業集落が活性化し，多面的機能の発揮が期待されると考えるが，「中核的グループ」は交付対象ではなく要件にしかすぎず，あくまでも漁業集落として行う取組が交付対象になるという点に特徴がある。

4）対象行為

漁業集落内で漁場の生産力の向上と利用に関する話し合いを行い，その結果策定された「集落協定」に基づいて実施される漁業再生活動が支援の対象行為となる。その漁業再生活動とは，第1に，漁場の生産力の向上と利用に関する話し合い，第2に，漁場の生産力の向上に関する取組（種苗放流，藻場・干潟の管理と改善，産卵場・育成場の整備，水質の維持改善，植樹・魚付き林の整備，海岸清掃，海底清掃，漁場監視，その他），第3に，集落の創

意工夫を活かした新たな取組（漁業集落にとって初めての取組であることが必要）である。第2の漁場の生産力の向上に関する取組は毎年度実施し，第3の集落の創意工夫を活かした新たな取組は計画期間中に一つ以上実施（2008年度から毎年度実施）することとなっている。

　ここで留意すべき点は，交付金の対象行為となる漁業再生活動は，一般的に漁業集落単位で行われることが多いことから，漁業集落を交付対象に据えたという点である。したがって，この制度は，離島の漁業集落による漁業再生活動を支援するための措置であり，漁業集落を支援することによって離島漁業の再生を図ろうというシナリオである。

　5) 支援の実施

　最初に，市町村は，地域の漁業の方向及び集落活動の促進の方法等を明らかにした「促進計画」を策定する。次に，交付対象となる漁業集落は，交付金の交付を受けるために，市町村が策定した「促進計画」に定められた方向を達成するために必要な措置（漁業集落の地区及び対象とする海域，漁業集落の目標，漁業集落の漁業の現状と今後の方向，漁場の生産力の向上に係る取組に関する事項，集落の創意工夫を活かした新たな取組に関する事項など）を明らかにした「集落協定」を締結する。最後に，漁業集落は「集落協定」で定められた漁業再生活動を実施し，市町村にその実施状況を報告する。報告を受けた市町村は支援の対象行為の実施状況を確認し，「集落協定」に基づき適切な活動がなされたと認めた場合に交付金を交付する。市町村は，支援の実施に際して，集落機能を再編するとの観点から，交付金の交付額のおおむね1/2以上を漁業集落の漁業再生活動にあてるように指導している。

　交付金は，離島漁業再生支援交付金と離島漁業再生支援推進交付金からなり，後者の推進交付金は都道府県及び市町村が行う交付金交付の適正かつ円滑な実施の促進に資するために交付されている。

　6) 実施状況

　一漁業集落あたりの基本交付額は，漁業世帯数25世帯の漁業集落を標準として，340万円の交付単価を設定しており，一世帯当たり13万6千円の交

付額となる。実施期間は2005年度から2009年度までの5年間であることから，2005年度から取組を開始したとすると，5年間での交付額は1700万円となり，しかも目的が明確であれば，年度を超えて交付金を使用しても差し支えないという画期的な制度である。

　水産庁が公表している2005年度と2006年度の2年間の実施状況を見ると，2年間の交付金の総額は，2005年度が18億8千万円，2006年度が23億7千万円である。対象となる離島を有する都道府県は26都道県であり，2005年度が11道県，47市町村，2006年度が17都道県，77市町村において実施され，「集落協定」を締結して取組に参加した漁業集落は2005年度が712集落，2006年度が817集落となった。活動内容では，両年度とも，漁場の生産力の向上に関する取組では「海岸清掃」，集落の創意工夫を活かした新たな取組では「流通体制の改善」が非常に多かった。

5．離島漁業再生支援交付金制度の検証
1）「離島交付金制度」の特徴

　「国内水産物」（水産物自給）vs「輸入水産物」（貿易自由化）という競合構図（対立構図）の中で，離島漁業の再生を図るための多面的機能政策の一環として，2005年に「離島交付金制度」が開始された。離島は条件不利地域であるが，そこに居住し漁業を営む離島の漁業者は，我が国の水産政策にとって疎かにできない重要な位置を占める存在である。

　「離島交付金制度」のねらいは，「離島の漁業を元気にして，水産業及び漁村の果たしている役割や機能の維持・増進を目指す」ことにある。ここで留意すべき点は，第1に離島の漁業を元気にして，その漁業活動を通じて水産業及び漁村の多面的機能の維持・増進を目指すという筋書きである。第2は，この制度の特徴として，離島の漁業集落が行う漁業再生活動への支援を通じて離島漁業の再生と多面的機能の維持・増進を図るという筋書きである。すなわち，交付対象は集落協定を締結した漁業集落であり，漁業集落が行う漁業再生活動に対して支援を行うことによって，離島漁業の再生と多面的機能

の維持・増進を目指すという内容である。

　この2つの筋書きを合わせると，離島の漁業を元気にするためには，漁業者への支援よりも漁業集落への支援が先決であり，その支援を通じて離島漁業の再生を図り，将来にわたって多面的機能が適切かつ十分に発揮できるようにするというシナリオになる。その支援の対象行為は，第1に漁場の生産力の向上と利用に関する話し合い，第2に漁場の生産力の向上に関する取組，第3に集落の創意工夫を活かした新たな取組であり，漁業集落が共同で行う漁業再生活動が交付対象である。果たして，今回の「離島交付金制度」のやり方は適切な政策手法であるのか，その成果が期待できるのか，この機会に「離島交付金制度」の意義について若干の検証をしてみよう。

　2）「離島交付金制度」の問題点

　第1は，漁業集落による漁業再生活動を支援することによって，離島漁業の再生を図ることができるという漁業実態から乖離した捉え方に問題がある。離島の漁業集落の多くは限界集落の状態にあるが，その中にあって少数ではあるが離島漁業を支えている漁業者の存在がある。漁業者による漁業共同活動への支援，特に「中核的グループ」による漁業共同活動を支援することによって，離島漁業の再生が図られるという考え方をしないと，離島の漁業を元気にすることもできないし，多面的機能の発揮も期待できない。このように考えると，例えば「集落の創意工夫を活かした新たな取組」では漁業集落にとって「初めての取組」であることが必要であるとなっているが，それよりも漁業者による継続した取組や実績ある取組などへ支援する方がはるかに効果があり，離島漁業の再生が図れるというものである。しかし，この制度の交付金を国庫補助事業の漁業者負担分に使用することは二重補助となることからできなかったり，漁協の活動として行われている漁業共同活動についても交付対象とならず，漁業者による「継続」や「実績」ある取組への支援が困難であることから，「離島交付金制度」の実質的な成果が期待できないのではないか。

　第2は，「中核的グループ」の存在が交付対象に該当する漁業集落であるか

否かの要件にしかすぎないという点である。前述したように，交付対象となる漁業集落の要件として，「中核的グループ」を含む漁業集落であるという事項があり，交付金を受けるにはこの要件を満たす必要がある。このため集落協定の中には，必ず「中核的グループ」が明記されている。この点に注目してほしい。「離島交付金制度」では，離島漁業の再生を図るためには集落の話し合いに基づき共同で漁業再生活動が行われることが必要との観点から，交付対象を漁業集落とした。このため，漁業集落の話し合いによるとなれば，集落として行う漁業再生活動に非漁業者を構成員に含めた方が望ましいことになる。もちろん，交付金はあくまでも漁業再生活動の支援を目的としていることから，非漁業者を交付金の積算基礎とはしていないが，交付対象を漁業集落としたことから，「中核的グループ」が集落の中に埋没した状況となっている。「中核的グループ」が元気になってこそ離島漁業の再生を図ることができ，多面的機能の発揮が期待できると考えるが，この制度では「中核的グループ」が交付対象にならず，集落の中に埋没させて離島の漁業を元気にできるであろうか。

　第3は，「離島交付金制度」が漁村集落の生活互助を崩しかねない性格を内包しているという点である。その象徴的な出来事が，全国の離島漁村において「漁場の生産力の向上に関する取組」で最も多く行われている「海岸清掃」に看取することができる。海岸清掃は，一般的に無償の共同活動として集落単位で広範に行われている生活互助活動であるが，「離島交付金制度」では海岸清掃に係る経費として，集落住民に高い日当支給の人件費が支払われている。漁業集落を交付対象としている制度であるから集落の合意さえあれば問題はないが，生活互助活動である海岸清掃のような取組に金銭感覚を持ち込めば，生活互助システムを崩し集落機能の低下を招きかねない。離島の漁業集落の多くは限界集落へ移行しつつあり，生活互助システムの後退が進行していることから，「離島交付金制度」が漁業集落の生活互助を活性化し，漁業集落の共同活動を再生する起爆剤となれば，この制度の意義は非常に大きく，多面的機能の発揮が期待できる。しかし，市町村が実施する市民ボランティ

アによる海岸清掃には日当が支払われないのに，漁業者による海岸清掃に高い日当が支払われるというのは辻褄が合わない。漁業集落の生活互助活動を金銭の物差しで測ろうとする「離島交付金制度」は，結果的に集落機能の低下を招き，本来の制度の趣旨に反して多面的機能を適切かつ十分に発揮できないことになりはしないか。

　第4は，離島の漁業集落への一律で機械的な交付金の支援では大きな成果が期待できないのではないかという点である。漁業集落の自主的な漁業共同活動の取組に対して，それが交付金の交付対象として相応しい取組であるか否かを適正に評価して交付金を交付するのであれば効果が期待できる。しかし，「離島交付金制度」のやり方は漁業集落からの自主的な取組に対して支援するというのではなく，この制度の要件を満たし，かつ凡例で示した取組を行った漁業集落に対して，市町村が事後的に実施状況の確認と承認を行って，漁業集落へ一律で機械的に交付金を交付するというバラマキ的な交付状況になってはいないか。漁業集落の取組の中には，将来にわたって多面的機能を適切かつ十分に発揮できると期待できる取組もあれば，交付金の無駄遣いと揶揄されそうな取組も多く見られる。漁業集落の各取組に対しては，もう少し厳格な評価システムの下で適正な評価を行って交付金の交付をすべきである。「離島交付金制度」の基本的な考え方は，漁業再生活動の自律的かつ継続的な実施が可能となるまで実施するというが，いまのやり方ではいつまでたっても効果が上がらないのではないだろうか。

　3）「離島交付金制度」の限界

　「離島交付金制度」は，離島の漁業を元気にする「中核的グループ」への直接的な支援もできないし，多面的機能の発揮に結びつく可能性の高い漁業集落の取組に対して重点的に支援するなど，支援の濃淡がある選別的手法でもって支援することもできない。この制度で支援できるのは，制度の要件を満たした全ての漁業集落による漁業共同活動に対してである。もちろん，「中核的グループ」による特筆すべき取組も数多く見られ，事例紹介もされている。特に「集落の創意工夫を生かした新たな取り組み」においては，輸送な

ど販売面における離島の不利性の克服を目指す「流通体制の改善」に最も関心が集まった。しかし，交付対象が漁業集落であり，漁場の生産力の向上と利用に関する話し合いと「集落協定」の策定を必須要件としていることから，どうしても「中核的グループ」の取組よりも漁業集落の取組を重視する傾向が強く見られる。漁業集落を包括的に捉えた「離島交付金制度」では限界があり，「水産基本法」第32条に謳う多面的機能の適切かつ十分な発揮は期待できない。

　以上のような問題を内包した「離島交付金制度」を「国内水産物」（水産物自給）vs「輸入水産物」（貿易自由化）という競合構図（対立構図）の中で捉えると，この制度が漁業集落を交付対象としていることから，国民への水産物供給は輸入水産物が担い，水産業及び漁村には多面的機能の発揮を期待するという「輸入水産物」（貿易自由化）の促進に組みする制度になりはしないかと危惧される。すでに述べたように，「離島交付金制度」は多面的機能の維持・増進を図るために漁業集落が行う漁業再生活動への支援を特徴としているため，主業的漁業者を中核とする離島漁業への産業活動支援としては甚だ弱い。「国内水産物＋多面的機能」の視点に立てば，主業的漁業者から構成される「中核的グループ」を活性化することによって，離島漁業・漁村の元気を取り戻し，多面的機能の維持・増進を図るというシナリオになると思う。したがって，前述した「離島の漁業を元気にして，水産業及び漁村の果たしている役割や機能の維持・増進を目指す」という制度の趣旨を実現するためには，国民への国内水産物の安定供給を担う「中核的グループ」の漁業生産活動の支援を基本に据えた離島漁業・漁村の振興を図ることが最も有効である。しかし，現状を見る限り，我が国の確固たる離島漁業振興政策がない中での「離島交付金制度」は，離島漁業・漁村に対して国内水産物の供給機能を期待するのではなく，漁業集落の多面的機能を期待するという「輸入水産物＋多面的機能」の論調に与する地域政策的な活動支援として性格付けられなくもない。その結果，漁業集落単位での交付金のバラマキに終わりはしないかと懸念される。

6. 多面的機能政策の今後の課題——水産物自給の視点から——

　水産業及び漁村の多面的機能政策は,「国内水産物」(水産物自給) vs「輸入水産物」(貿易自由化) という競合構図 (対立構図) の中で揺れ動いており,今後,国民の目がどちらに向くか,あるいは向けさせられるか,注視する必要がある。現状を見る限り,多面的機能と漁業生産活動 (国内水産物) との一体性が確認できず,国内漁業の衰退,生産機能の低下が深刻である。したがって,国民への水産物供給は輸入水産物が担い,水産業及び漁村には多面的機能 (特に国民ニーズの高い「漁村のもつ保健休養機能」など) の発揮を期待するといった「輸入水産物＋多面的機能」の論調が強まれば,「国内水産物」(水産物自給) の凋落が心配である。

　国内漁業の振興を重視する視点から多面的機能を捉えると産業政策が重要であり,他方,輸入水産物の促進を重視する視点から多面的機能を捉えると地域政策が重要となる。水産業及び漁村の多面的機能の場合,産業活動との関係がいま一つ明瞭ではないことから,多面的機能政策として講じられている「離島交付金制度」を見ても,「中核的グループ」への産業政策的な支援というより,漁業集落への地域政策的な支援としての性格を看取することができる。

　「水産基本計画」では,水産物の自給の目標を明確に設定し,国内水産物の増大を基本に据えている。水産物自給の視点から多面的機能の発揮を期待するのであれば,「国内水産物」(漁業生産活動) の支援が前提になるはずである。しかし,「離島交付金制度」を見る限り,主業的漁家からなる「中核的グループ」の活性化をねらった集落支援というよりも,将来の離島漁業を担う「中核的グループ」を埋没させた集落支援という性格が非常に強く,あらためて多面的機能の議論では,漁業の担い手と多面的機能という問題設定が必要であると痛感する。特に,離島漁業・漁村は最も条件不利な地域であり,漁業の担い手が育つ環境として非常に厳しい。だからこそ,数少ない主業的漁家を中核とする経営体グループの活性化が先決であり,彼らを優先的に支援することによって離島漁業・漁村の元気を取り戻すことができれば,国民の

ニーズに応えられる多面的機能の発揮が期待できると考える。

　今後の多面的機能政策においては，是非，多面的機能が産業活動と一体的に発揮される機能であるという視点に立って（工藤2008），多面的機能政策と漁業の担い手政策との関係を明確にすることが肝要である。このまま漁業の担い手の弱体化が進めば，我が国の水産業及び漁村は多面的機能を適切かつ十分に発揮できず，国民の期待に応えられぬまま産業としても地域社会としても崩壊局面を迎えることになるであろう。一方では国民への水産物の安定供給を確保する漁業の担い手政策の展開を強調しながら，他方では漁業集落を基調とした多面的機能政策でもって政策転換を促すという，水産政策の不整合が起こらぬように国民的関心の喚起を促したい。

引用文献：

小野征一郎 2007．『水産経済学―政策的接近―』，成山堂書店
工藤貴史 2008．「水産政策における多面的機能支援施策の現状と課題」，「北日本漁業」第36号，北日本漁業経済学会
水産庁 2003．『多面的機能評価等検討委員会報告書』
水土舎 2003．『多面的機能評価等にかかる調査等報告書』
水土舎 2004．『平成15年度水産業・漁村の多面的機能支援化委託事業報告書』
水土舎 2005．『平成16年度水産業・漁村の多面的機能支援化委託事業報告書』
全国漁業協同組合連合会 2004．『水産業・漁村の多面的機能支援化委託事業報告書』
祖田修，佐藤晃一，太田猛彦，隆島史夫，谷口旭編 2006．『農林水産業の多面的機能』，農林統計協会
廣吉勝治 2008．「水産政策に関する問題提起と検討課題」，「北日本漁業」第36号，北日本漁業経済学会

（島　秀典）

第3章　自然の資源化過程にみる地域資源の豊富化
―沖縄県座間味村および恩納村の事例から―

1. はじめに―自然の資源化過程への注目

　本章では，序章でとりあげた「地域レベルの多面的機能論」を受け，コミュニティが存続するうえでの要件として多面的機能を考察していく。そこで，まず，「重層的資源利用」という観点から多面的機能について検討し，次に，「はたらきかけの対象としての可能性の束」という資源のとらえ方に着目する。

　一般に，ひとつの資源を創り出すことは，単純化（シンプリフィケーション）としてとらえられる。近代の開発は他の資源化の可能性を排除し，その単一の資源を効率的に生産することを目指してきた。これに対して，地域資源の特徴は，ひとつの資源を創り出すことと資源の多様性を保持し続けることとが矛盾しないような資源利用がなされてきたことにあるといえよう。コミュニティを存続させるために，資源を外部に流出させずに，いかに地域内にとどめておくか。そのような仕組みを創り出すこと自体が地域資源を性格づけることになる。本章では，沖縄における2つの事例をとりあげて，このような地域資源管理の仕組みを地域住民がいかに構築していったかを考察する。

　まず，わかりやすい例として農業の多面的機能，そのなかでも水田や水稲栽培の多面的機能について考えてみよう。水田の食料生産という主たる機能に付随して，生物多様性の維持，保水・土壌保持，景観などの副次的機能が指摘される。生業という側面においても，水田は，農業のみならず，フナ，コイ，ドジョウ，タニシ，あるいはカモなどを対象とした漁労や狩猟という生業の場でもあった。また，水田の畔には，栽培しているとは言い難い救荒作物のヒガンバナ，あるいはノビル等の野草，そして農耕牛の飼料としての

草などが生えており，水田はこれらの植物を利用管理する場としてもとらえることができる。水田とは本来はこうした「生業複合」の場であり，それを可能とする生態系が人々の働きかけをつうじて維持されていたのである。それは人の手が加わることによって維持される生物多様な生態系であり，さまざまな技術（すなわち文化的蓄積）をつうじて多様な資源を引き出すことが可能であった。これに対して，農業の近代化とは，水稲栽培の生産性，効率性を追求し，そのために機械化，化学化をつうじて，このような多面的機能を水稲栽培のみに単純化することであったということができる。

このような多面的機能は，嘉田（2001）が指摘する，資源の重層的利用としてとらえることができる。次図（図3-1）の右側へいけばいくほど，稲作単一化は進展し，労働生産性も土地生産性も高まるが，その一方で，生物多様性も文化多様性も低下していく。それは，圃場整備等をつうじて，水田における生業複合を可能とさせていた生物多様な生態系が水稲栽培だけに単純化されていくプロセスであり，同時に，そこにかかわる人々の活動が単純化されていくプロセスでもある。稲作生産性の向上という単一的価値のみが貫徹され，その価値にもとづかない人々のかかわりは排除されていくことになる。嘉田は，人と自然との多様なかかわりを排除するこのような合理化を推し進めるのが近代的所有における一物一権主義であり，それに対抗する原理としてコミュナルな所有関係にもとづく重層的な資源利用を再評価している。すなわち，重層的な資源利用こそ，コミュニティが持続的に存続するうえでの要件であると指摘しているのである。

このような観点からすると，佐藤（2008）が，資源を「働きかけの対象としての可能性の束」と定義していることが興味深い。この図（図3-2）から，佐藤のいう可能性の束としての資源の層こそが多面的機能にほかならないことが理解されるであろう。そして，可能性の束すなわち資源の層のなかから誰がどのような財を引き出してくるのか，すなわち，「土地や財源といった様々な可能性を内包した諸資源が，それを取り巻く各種の人間集団の間に権利や財貨，商品などの形で分け与えられていく過程」（佐藤2008：5）に注目

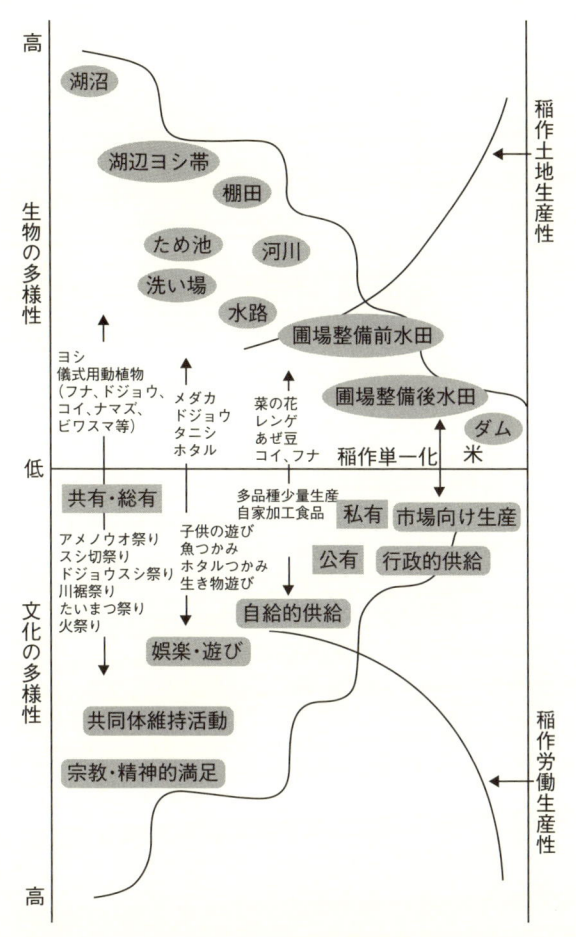

出所)「生物と文化の多様性モデル」嘉田 (2001：233)
図3-1　重層的資源利用

することが重要となる。

　本章では，以上の観点から，「地域レベルの多面的機能論」を豊富化するために，沖縄県座間味村と恩納村のふたつの事例をとりあげて，地域資源が可能性の束としてどのように維持されているか，社会関係のなかで資源が生成

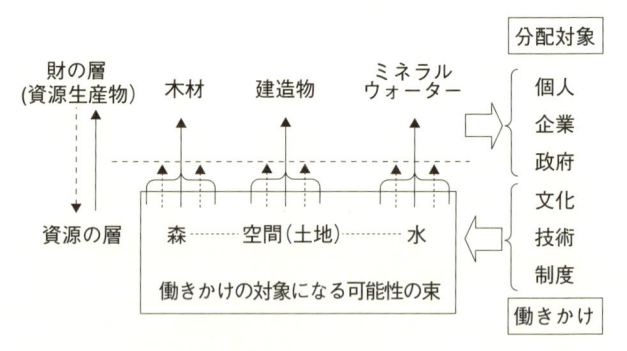

出所)「財の層と資源の層」佐藤（2008：13）
図 3-2　働きかけの対象になる可能性の束

してくるプロセス—「自然の資源化」過程に注目しながら検討する。

2. 座間味—自然の資源化をつうじた地域資源の豊富化

1）座間味における鰹産業（カツオ漁及び鰹節製造）の盛衰

　座間味(ザマミ)は，那覇から西に約 40 キロメートルに位置する大小 20 余りの島々からなる。隣接する渡嘉敷(トカシキ)とともに，古くから慶良間(ケラマ)とよばれ，琉球王府時代には進貢船の船頭を出す島として名を馳せた。現在，1,007 人，世帯 557 が，座間味島，阿嘉島，慶留間島の 3 島に住んでいる（2006 年現在）。

　座間味は沖縄県で初めて鰹節製造をおこなった島として知られており，その鰹節は「慶良間節」とよばれ高い評価を受けてきた。明治中頃にはすでに沖縄近海はカツオの好漁場として知られ，鹿児島や宮崎のカツオ船が漁にきていた。そのような他県の船から入漁料をとるにとどまっていたのが，1901（明治 34）年に，当時の座間味村長，松田和三郎が村民によびかけ，組合形式で出資金を募り，操業を開始した。零細な経営基盤ではあったが，島に産業を興すという点では画期的なことであり，以後，カツオ漁と鰹節製造を一体化した組合形式の事業がいくつもおきた。大正元（1912）年〜5（1916）年には，合計 16 隻のカツオ船が村内にあったという（座間味村 1989；2002）。や

がて，カツオ漁及び鰹節製造は，座間味のみならず，宮古，八重山をはじめとして沖縄各地に広がり，戦前，沖縄は，枕崎，土佐，焼津に匹敵する鰹節産地を形成することになった（沖縄における鰹産業の発展については上田（1995）が詳しい。なお，沖縄における組合方式によるカツオ漁と鰹節製造の複合を「鰹産業」とよぶのは上田（1995）による）。

　このように隆盛した座間味のカツオ漁及び鰹節生産であったが，資源の枯渇と日本政府の南方政策から，昭和に入ると南洋漁業へ進出し，そして敗戦を迎えた。戦後も，一時中断を経て，組合形式での経営は続けられた。しかし，近海のカツオ資源の枯渇にともない，また一方で，本土の枕崎，山川，焼津などの産地で，冷凍設備の進歩によって，直接，南方の漁場で操業して漁獲を冷凍して持ち帰ることが可能となったことから，沖縄産の鰹節の需要が低下し，沖縄の鰹産業は終焉を迎える。阿嘉島では1973年に，ふたつの組合が共同して南方の漁場をめざす大型カツオ船を建造して出漁したところ，フィリピン近海で拿捕され，多額の借金を抱えて組合は解散した（1976年）。

　ところで，カツオ漁のための生き餌をとる際の追い込み漁は，沖縄の漁民（海人，ウミンチュ）の得意とする巧みな身体技法であり，魚の習性と海底地形，潮の流れなど，さまざまな知識が複合的に構成されて遂行される漁法である。夜明け前にカツオ船を出し，スルル（キビナゴ），サネラ（グルクンの稚魚），バカジャコ（小型のイワシ類）などの生き餌の小魚が群をなしているポイントまで行き，そこで泳いで網に追い込んで捕った。あるいは，夜明け前にキンメモドキなどの小魚の群が戻ってくるサンゴの穴にあらかじめ潜って網を仕掛けておいて捕った。いずれも，魚の習性と海底地形を熟知していることで可能な漁法である。このようにして生き餌をとる漁場は，やがて時代がかわると，色とりどりの小魚がサンゴのあいだに舞うのを見て楽しむダイビングの好スポットとなるのである。

　このように外来の鰹節製造が地域に定着するに従い，その原料を獲得するためのカツオ漁において，歴史的に培われていた漁に関する知識や身体技法がいかされることになった。しかし，時代の進展とともに，鰹節製造の社会

的な需要が低下し，やがて鰹節製造に適した自然的諸条件が資源としての価値を喪失していった。こうして一度は，資源としての価値を喪失した座間味におけるサンゴ礁という自然環境が，次節でみるように，再び外部からダイビング産業が到来するにつれて，資源として新たな価値を付与されていくことになるのである。このように異なる社会的コンテクストにおいて自然が資源化するプロセスは，「働きかけの対象になる可能性の束」としての資源の性格がよく現れているといえるだろう。

2）ダイビング産業の地域化・生業化

座間味では，カツオ漁・鰹節製造が産業として立ちゆかなくなり，終焉したのちは，急速に人口流出がおこり，過疎化が進展した。しかし，1980年代前半になって，島外に出ていた青年層が島に戻り，親の経営する民宿経営を手伝うかたわら，農業や漁業に取り組むようになった。

ちょうどその頃，この島のサンゴ礁景観の卓越さに気づいた島外の者がダイビング事業を始め，ダイビングポイントを紹介したことがきっかけで，島内の漁民がダイビングという事業にかかわるようになる。

そして，いわゆるバブル期には，スキーやサーフィンと並んでダイビングがレジャースポーツとして流行を迎え，飛躍的にダイビング目的の観光客が来島するようになった。

現在，座間味には，年間約9万人前後の観光客が訪れている。那覇から1日2往復（夏の繁忙期には3往復）の高速艇（200席）で50分，1日1往復のフェリー（380席）で1時間半という利便性もあり，とくに7月～9月のシーズンのピークには船の席をとるのが難しいほどの観光客の来島がある。日帰りのビーチ海水浴の他に，ダイビングサービスが盛んであり，その事業所が40，宿泊施設が約60ある。産業別就業構造も第3次産業が9割以上を占め，なかでもサービス業の比率が7割と圧倒的に高い。

ここで，座間味におけるダイビング産業の隆盛を基礎づけている条件について確認しておこう。この海域にはもともと景観ゆたかなサンゴ礁が発達

していた。陸上部の地形からも推測されるような起伏ある海底地形やこの海域を特徴づける潮の流れもある。すなわち，次のようなこの島の自然地理的条件がダイビング産業としての優位性をもたらしている。① 座間味島と阿嘉島，慶留間島に囲まれた内海は，冬の北西の風の時にも海が荒れることが少なく，年間をとおしてダイビングに適している，② 近年，サンゴの死滅の一因となっている海水温の上昇がこの海域では他地域ほどにはみられず，サンゴの白化現象がおきていない，③ 那覇から高速艇で1時間ほどの距離という利便性がある。

さらに，鰹節製造と結びついたカツオ漁という歴史的経験もあげることができる。すなわち，④ カツオ釣りの生き餌漁あるいは追い込み漁，潜水漁など，漁民としての豊富な知識や身体技法がダイビングサービスに転用されることで，インストラクターとしてサンゴ礁を熟知しているという決定的優位性をもたらしている。あわせて，後でみるように，⑤ この海域のサンゴ礁をオニヒトデの食害から守ろうという取り組みがダイビング事業者や漁協によって継続的に実施されてきたことも大きい。

このようにして鰹産業の衰退とともに価値を喪失していた漁民としての知識や身体技法が，ダイビング産業というフレームのなかで，資源としての新たな位置を与えられていくのである。それは，個々のダイビングサービス事業者の水準にとどまらず，地域全体の資源の再編であり，具体的には次のような地域組織化のプロセスのなかで地域資源管理の仕組みが構築され，ダイビング産業の地域化・生業化が進展していったのである。

2001年にあか・げるまダイビング協会が結成され，2002年には座間味ダイビング協会が結成された。その背景として，1998年から阿嘉臨海研究所と協力して実施してきたリーフチェックが実績をあげてきたことや，2002年にオニヒトデ対策会議が設置され，沖縄県自然保護課や琉球大学のサンゴ礁学者と連携してオニヒトデ駆除が効果をあげてきたことも注目される。このようなサンゴ礁保全利用の取り組みが評価され，2005年にはサンゴ礁として初めてラムサール条約に登録されている。2006年には座間味ダイビング協会，あ

か・げるまダイビング協会と渡嘉敷ダイビング協会（2005年結成）の3者が連合を組み，慶良間海域保全連合会を結成するに至った。そして，宿泊事業者やダイビング事業者を中心に2002年に結成された座間味村商工会は渡嘉敷村商工会を巻き込んで「慶良間ブランド」の構築に取り組み，2006年に統一マーク「慶良間の世界」を発表した（図3-3）。資源利用における環境配慮を強調して，慶良間ブランドを打ち出したのである。一方，座間味村（行政）も，「楽園ZAMAMI」という環境管理計画を策定し，渡嘉敷村（行政）に呼びかけて，慶良間海域保全会議を結成した。同会議は2007年に名称を慶良間自然保全会議と改称し，陸域も含めた島嶼環境全体の保全利用のネットワークとしての位置づけを明確にした。このような一連のながれのなかで，現在，エコツーリズム推進法にもとづくエコツーリズム推進協議会結成に向けた取り組みがおこなわれているのである（表3-1）。

出所）座間味村商工会
図3-3　慶良間の世界（地域ブランドイメージ）

表3-1 座間味におけるサンゴ礁保全利用の動き

1994	座間味にてダイビング事業が本格化する。座間味村漁協文書「漁業行使権代金について」
1991	「村土保全条例」（自然を守る会によるリゾート開発反対運動の成果）
1996	ダイビングショップが急速に増加
1998	高水温によってサンゴの白化現象が発生。漁協決議にもとづき，3ポイント閉鎖。そのうち1スポットでのリーフチェックの実施
2001	あか・げるまダイビング協会設立（11月）。開放したニシハマで係留ブイ設置や利用船数制限の実施
2002	オニヒトデ大発生に対するオニヒトデ駆除。座間味ダイビング協会設立（3月）。座間味村商工会設立（5月）。あか・げるまダイビング事業協同組合設立（6月）。沖縄，オニヒトデ対策会議を設置し（7月），最重要保全区域を設定
2002	沖縄県「エコツーリズム推進事業3か年計画」（～2005）
2004	座間味村商工会「広域連携等地域志向対策事業報告書」。国際サンゴ礁学会開催（座間味から報告）
2005	ラムサール条約登録（11月）
2006	慶良間海域保全会議結成（3月）。座間味海域保全連合会結成（3月）。座間味村環境プロジェクト「楽園ZAMAMI」。「慶良間の世界」地域ブランドイメージ発表
2007	慶良間海域保全会議，慶良間自然保全会議と名称変更。エコツーリズム推進法にもとづくエコツーリズム推進協議会準備会立上げの取り組み

3）エコツーリズム推進法とローカルルールの形成

2008年4月に施行されたエコツーリズム推進法は，「エコツーリズムが自然環境の保全，地域における創意工夫を生かした観光の振興及び環境の保全に関する意識の啓発等の環境教育の推進において重要な意義を有する」ととらえ，「エコツーリズムに関する施策を総合的かつ効果的に推進し，もって現在及び将来の国民の健康で文化的な生活の確保に寄与することを目的と」している（第1条）。そして，「エコツーリズムは，自然観光資源が持続的に保護されることがその発展の基盤であることをかんがみ，自然観光資源が損なわれないよう，生物の多様性の確保に配慮しつつ，適切な利用の方法を定め，その方法に従って実施される」ことを基本理念とし（第3条），科学的なアプローチにもとづいた保全と，地域の多様な主体の連携による自主的な取り組みを重視している。そのために，「市町村は，当該市町村の区域のうちエコツーリズムを推進しようとする地域ごとに，・・・当該市町村のほか，特定事

業者，地域住民，特定非営利活動法人等，自然観光資源又は観光に関し専門的知識を有する者，土地の所有者等その他エコツーリズムに関連する活動に参加する者並びに関係行政機関及び関係地方公共団体からなるエコツーリズム推進協議会を組織する」（第5条）。この推進協議会では，「エコツーリズム推進全体構想」を作成し（第5条），それにもとづいて「特定自然観光資源」を指定することができる（第8条）。そして，多数の観光旅行者その他の活動によって損なわれるおそれがあるときは，エコツーリズム推進全体構想に従い「特定自然観光資源の所在する区域への立入りにつきあらかじめ当該市町村長の承認を受けるべき旨の制限をすることができる」（第10条）。

　エコツーリズム推進法にみられる，このような地域資源の持続的利用の枠組は，コミュニティベースの資源管理という発想に支えられているととらえてよいだろう。このような発想は，日本の自然保護政策のなかでは，エコツーリズム推進法に先立つ自然再生推進法（2002年）以降，顕著にみられるようになってきた。そこで特徴的なのは，モニタリングにもとづく「順応的管理」[1]という科学的方法論の採用であり，同時に，地域住民，NPO，専門家，土地所有者など，多様な主体（ステークホルダー）によって構成される地域協議会方式（「自然再生協議会」）の採用である。というのも，自然再生事業というものがオープンエンドな性格をもっており，自然そのものの再生というよりむしろ，自然と人との関係性の再生ないしは再創造というプロセスを重視した取り組みとしてとらえられるからである。このことは，自然保護政策のうえでの次のような大きな転換とも関係があるといえるだろう。すなわち，手つかずの自然こそが本来の自然であり，その保護のために自然への人の関与を排除するという立場から，生物多様性の維持のためには人と自然のかかわりの豊かさを取り戻すことこそ重要であるという立場への転換である（生物多様性と文化多様性の相関を考察した図3-1を参照）。具体的には，白神山地の入山規制問題にみられたような「原生自然」を重視する発想から，「田んぼの生き物調査」にみられるような人の手の加わった自然における生き物たちの賑わいbio-diversityを重視する発想への転換といえる（鬼頭

1996；鷲谷・草刈 2003)。それは，人と自然の関係性をトップダウン的に遮断することによって自然を保護するという発想と，人と自然のコミュナルな関係性のなかに持続可能な社会の存立基盤を見出そうという発想の違いでもある。自然保護のとらえ方に関するこのような大きな変化のなかで，持続的資源利用をとおした持続的発展可能な社会形成のツールとして位置づけられるようになったのがエコツーリズムだといえる。

近年の沖縄のサンゴ礁生態系をめぐる問題として，観光振興にともなう過剰利用（オーバーユース）が浮上してきている（写真 3-1）。埋立をともなう沿岸部開発，陸上部からの赤土（土壌）流出，海水温暖化にともなうサンゴの白化現象，オニヒトデの慢性的大発生などに加えて，残存する希少なサンゴ礁への観光利用によるアクセスが高まり，そのためにサンゴ礁生態系に見逃せない悪影響が生じているのである（敷田・横井・小林 2001）。エコツーリズム推進法における「特定観光資源」への立ち入り制限の設定は，順応的管理にもとづいた地域協議会方式を取り入れることで，「保全しつつ利用する」ことを可能とする仕組みづくりの試みといえよう。

座間味は，このような観光利用にともなう過剰利用に対応した先駆的事例として注目される。座間味におけるダイビング産業は 1980 年代半ばから隆盛したが，1990 年代の後半にはサンゴ礁の過剰利用からサンゴ礁の状態に悪化がみられるようになった。人気のあるダイビングポイントでは 1 日に数百人ものダイビング客が集中し，アンカーの投げ込みやダイバーによる攪乱などから，サンゴ礁生態系への影響が無視できなくなってきたのである。そのとき，座間味のダイビング事業者がとった対応はたいへん注目されるものであった。近年，水産資源の保護策として評価されている MPA（Marin Protect Area, 海洋保護区）を設定したのである（本書第 4 章参照）。

1998 年にニシハマ，安慶名敷（アゲナシク），安室東（アムロ）の 3 か所への入域及び漁業の操業を 3 年間にわたり制限することを座間味村漁協が総会決議したうえで，その決議への協力をダイビング事業者に呼びかけた。漁協組合員であってもサンゴ礁保護のために操業しにこの海域に入らないのであるから，ましてやダイビ

写真3-1　過剰利用につながる那覇からのダイビングボートの集中

ング事業者はこの海域でのダイビングを自制してほしいという論理で訴えかけたのである。この入域制限の実施以前にも，1984年に漁協はダイビング事業者に対し「漁業権行使代金について」という文書を発行し，協力金を徴収している。その対価として，座間味に事業所があるダイビングサービスは漁協から旗を受け取り，それをボートにつけることになっている。この資金は，入域制限を実施したのと併行して，ダイビングポイント停泊時にアンカーを投げる代わりにブイを用いるようにしたときのブイの設置費用にあてられている。このようにして座間味のダイビング事業者はサンゴ礁の保全利用の秩序を，座間味村漁協と連携しながら構築していったのである。

　過剰利用を防ぐために，MPAの設定以外にも次のような取り組みが実施されてきた。ニシハマでは各事業者は週に1回しか潜れないこととし，現在はブイを4つ設置し，ひとつのブイに係留できる船の数を1隻に制限している。アンカリングについては，ブイの設置されているところはブイに係留し，そうでないところではアンカーを投げ入れずに潜って海底に固定することが決められている。その他，フィンによるサンゴの破損や砂の巻き上げなどダ

イビングマナーへの呼びかけやダイビングの安全性に注意を喚起している。

　また，オニヒトデ駆除に関しては，座間味において全ダイビング事業者が参加して，日常的に次のような活動がなされている。座間味ダイビング協会では，週5日，オニヒトデの駆除をする（1日1回ダイブ/タンク1本。冬期は1日2回）。あか・げるまダイビング協会でも同様な仕組みで取り組んでおり，駆除活動は週3日，1日2回ダイブ（タンク2本）おこなう。これらの活動はボランティアで実施されている。座間味では1998年より，阿嘉臨海研究所（1988設立）の協力を得ながら定期的にリーフチェックを実施してきており，オニヒトデ駆除数の記録とともにサンゴ礁の状態を把握する実証的データとして貴重なものとなっている。

　慶良間海域のサンゴが，もはや自己再生能力をなくしたといわれる沖縄島沿岸域におけるサンゴ礁に対して，再生のための卵や幼生を供給しているということをも考えあわせると，このようにして地域資源の保全利用の「担い手」が形成されてきたことの重要性は大きいといえる[2]。すなわち，座間味でのこのような実践は，順応的管理にもとづいたコミュニティベースの資源管理および環境保全という点で，エコツーリズム推進法が目指している基本理念の先駆的事例といえるのである。

　以上，座間味の事例をつうじて，「多面的機能」というものが「働きかけの対象になる可能性の束」としての資源の性格から導き出されることを，サンゴ礁という自然の資源化のプロセスをみることから確認した。同じサンゴ礁という自然が，ある社会関係のもとでは鰹産業のなかに位置づけられて資源としての価値を付与され，また別の社会関係のもとではダイビング産業のなかに位置づけられて資源としての価値を付与される。すなわち，事物そのもののなかに本来的に資源としての価値があるわけではなく，配置される社会関係に応じて資源としての価値が生まれてくるのである。さらに地域資源という観点からは，歴史的に形成され蓄積された事物との（制度や規範を含む）関係性そのものが資源としての価値を創り出す。カツオ漁時代をつうじて島周辺のサンゴ礁海域を熟知していることやサンゴ礁保全のために自主的に保

全利用のルールを形成してきたこと自体が比類のない資源となっているのである。

3. 恩納村―資源管理をつうじた地域社会の再編
1) 地域営漁計画にもとづく資源管理の実践

恩納村は沖縄島北部西海岸に位置し，海岸線に沿って南北27.4km，東西4.2kmという細長い村域に15村落がある。そのうち14の村落が山を背にして海に臨んでおり，伝統的に半農半漁の暮らしを営んできた。沖縄では一般的に，村落の地先海面の支配が強く，そのために，明治期に本土の漁業権制度を導入する際に，新たな水産振興策の妨げになるという判断から集落を単位とした漁業組合の設立を控えた経緯が指摘されている（上田 1984）。また，サンゴ礁という生態系の特徴として単一の魚種が少ない，網が入れにくい，あるいは魚介類の消費地があまり発達していなかったなどの理由から専業的漁業が発達してこなかったといわれる。

恩納村漁協の設立は1970年のことである。とくに寄留民による専業的漁業が発達していたわけではなく，また，カツオ漁業（鰹節製造と結びついた鰹産業）があったわけでもなかったので，漁協設立に参加したのは恩納村地先で他の生業のかたわら漁業を営んでいた村民の一部であった。設立時は名護漁協恩納支部という扱いで，支部組合員数は141名（正組合員134名，准組合員7名），主な漁種はタコ捕りや一本釣り，素潜り漁であった。その後，1974年に恩納村単独で漁業権を有するに至った。

このような歴史的背景をもつ恩納村漁協であるが，2006年現在では，正組合員85名，準組合員227名，計312名であり，沖縄県内でも比較的大きな漁協といえる。そして，規模より注目される恩納村漁協の特徴は，漁協組合員の年齢構成である（図3-4）。2006年度の販売総取扱額は受託・買取あわせて6億2千万円，総取扱量は1500トン余りであり，経営状態に関しては沖縄県内の漁協のなかでも高い評価を得ている。もともと専業的に漁業が発達していたわけでもないにもかかわらず，このように漁協経営が安定し担い手や後

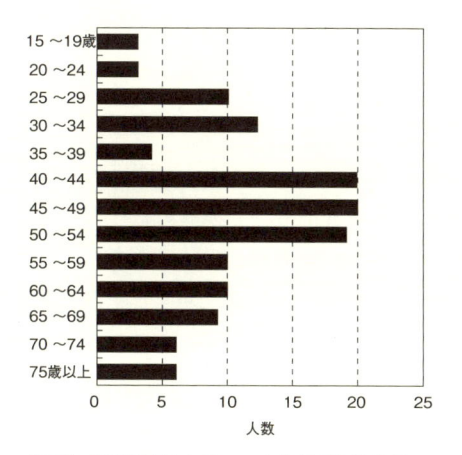

出所)『里海通信4号コラム』「恩納村漁協におけるサンゴ礁の保全活動」
図3-4　恩納村漁協組合員の年齢構成

継者が確保されているのはどのような経緯があってのことなのだろうか。

　沖縄では1972年の「本土復帰」以降,沖縄振興開発計画にもとづく基盤整備をはじめとして様々な面での開発がおこなわれた。恩納村でも1975年以降航空会社による観光キャンペーン,大型リゾートホテル開設などによりリゾート観光地化が進展した[3]。一方,港湾・護岸整備,道路建設,土地改良事業など公共土木事業による海浜埋立や赤土(土壌)流出によるサンゴ礁生態系への影響も著しく,1980年代に入ると,乱獲による漁業資源の枯渇とともに漁場環境の悪化がみられるようになった。今後,漁業経営を健全化するためには何らかの対応が迫られる事態に立ち至っていたのである。なかでも観光産業への対応[4]と漁場環境の保全が大きな課題であった。

　恩納村漁協は事態を打開するために,「漁協の役割は漁業者の経済的地位の向上に資することであるとともに,社会的地位の向上に資することである」という考えのもとに資源管理漁業を推進していった。それは漁業資源の枯渇傾向に対応するとともに,観光産業をも視野に入れた経営の多角化を進める

ことであった。とくにモズク養殖に重点を置くことで漁種の振り分けを進め、漁獲圧力軽減の効果が期待された。このような取り組みの基盤となったのが次にみる地域営漁計画の策定である（表3-2）。

1987年「恩納村地域営漁計画」、1989年「恩納村漁協地域漁業活性化計画」、1991年「第2次恩納村地域営漁計画」が策定され、同時期、1985年指導担当職員の設置、1991年恩納村漁業振興会の結成があった。そして、これらの営漁計画によって目指された取り組みは、1994年「第2次恩納村漁協地域漁業活性化計画―美海（ちゅらうみ）―」にまとめられた。その内容は「営漁計画の推進」「漁協の強化」「漁業環境の整備」「漁業基盤の整備」を柱とし、「営漁計画の推進」のなかに「栽培漁業の推進」「資源管理型漁業の推進」「漁船漁業の推進」「観光漁業の推進」が、また「漁業環境の整備」のなかに「屋嘉田潟原の高度利用」「漁場の保全」「地域との連携」が取り上げられている。このように漁協として取り組むべき課題として、①モズク養殖事業の振興、②資源管理とそのための組織化、③環境問題＝赤土流出防止の取り組み、④リゾートホテルとの調整、が設定されたのである[5]。

恩納村漁協の組織は地区制と部会制をとっている。漁協理事は村域を5つに分けた地区ごとに選出され、漁港利用も地区ごとにおこなわれる。一方、次の7つの部会が恩納村漁業振興会を構成している。青年部会（21名）、モズク生産部会（67名）、アーサ生産部会（7名）、海ブドウ生産部会（86名）、貝類生産部会（50名）、観光漁業部会（45名）、サンゴ礁養殖研究部会（29名）（各部会員数は2006年現在。2005年まで女性部会があった）。複数の部会に加入していることも多く、また、モズク、アーサ、海ブドウの養殖事業をおこなうには、表3-3にある要件を満たしたうえで生産部会に加入する義務がある。このようなことから、資源管理の面と養殖生産物の品質管理の面における恩納村漁協の姿勢がみてとれるだろう[6]。

恩納村漁協は、1977年、沖縄で初めて本格的なモズク養殖を開始した。その後、養殖モズク価格の暴落や赤土流出汚染による被害などを経験しつつ、1983年にモズク生産部会を立ち上げ、品質管理や漁場環境の改善に取り組ん

表 3-2　恩納村漁協の営漁計画の取り組み

1985	指導担当職員配置
1987	「恩納村地域営漁計画」　活力ある漁村，継承されるべき漁業を目指す 水産資源の減少，赤土汚染の進行，海洋レジャー産業の進出→将来を展望し，計画的な漁業の指針となるべき計画→資源管理型漁業への転換，藻類養殖業と観光漁業への人員の移行，新規漁業種類の導入，環境問題への取り組み，地域との協調・協力
1988	「恩納村漁協地域漁業活性化計画」　組合員の社会的経済的地位の向上と地域経済の活性化 県下で最もリゾート化が推進されており，漁業振興に必要な漁場の確保がますます厳しさを増している→恩納村地域の漁業の進む方向を示す総合計画→生産基盤の整備，生産体制の強化，流通体制の確立，観光漁業の推進，環境整備，漁協運営の強化，地域の活性化の7つの骨子からなり，それらのものが有機的に結びついて，恩納村漁業の心臓部である屋嘉田潟原の高度利用として現れてくることを期待
1991	「第2次恩納村地域営漁計画」　営漁計画の見直しと赤土汚染防止対策の強化 沿岸域への赤土流出にともなう漁場環境の悪化，海洋レジャーの急増，漁業資源の減少→既存計画の見直し，昭和62年度に営漁計画，平成元年度に活性化計画を作成し，各所の方策をとうしてきた。しかし，現在のように赤土流出が続けば，漁業環境が根底から破壊されてしまうので，当地区では最重要な課題である。漁協及び組合員は漁場環境の保全に努め，我々の生活の場である海を守り，豊かな海を維持
1991	恩納村漁協振興会発足
1994	「第2次恩納村漁協地域漁業活性化計画—美海（ちゅらうみ）—」 組合員の社会的経済的地位の向上と漁業をとおして「海を中心とした村作づくり」に取り組み，21世紀に向けた地域の活性化に貢献 恩納村における唯一の総合計画として営漁計画の推進，漁協の強化，漁業環境の整備，漁業基盤の整備の4つを推進し，漁業経営の強化と後継者育成の成果を期待
2000	「第3次恩納村漁協地域漁業活性化計画—美海（ちゅらうみ）part2—」 組合員の幸せ（民主的な組合運営，参加する漁民），海を中心とした村づくり（地域との協調，地域での役割）

出所）恩納村（2001）をもとに作成

できた。1987年の地域営漁計画の策定も，同年の養殖モズク価格の大暴落を受けての取り組みであった。あわせて，養殖モズクが本格的に始まった直後の1978年頃から赤土流出汚染による被害が目立ち，1980年に起きた大規模被害を転機に，被害防止協定や事前協議制（後述）にもとづく赤土流出防止対策を実施するようになった。赤土パトロールによる赤土流出源対策あるいは漁場に放置された養殖用鉄筋の抜き取り作業なども含め，このような自ら

表 3-3　恩納村漁協の部会加入条件

モズク養殖（部会加入義務）	
許 可 条 件	① モズク養殖に過去1年以上の経験を有する正組合員。
部 会 の 承 認	② モズク部会員2名の推薦を受け，かつ，モズク部会役員会の承認を受ける。（申請書を組合へ提出）
行使契約の締結	③ 組合と行使契約を締結します。
許可の取り消し	ア．特別な理由がなく，2年にわたりモズク養殖を行わない者。 イ．モズク生産部会を除名された者。
アーサ養殖（部会加入義務）	
許 可 条 件	① 正組合員。
部 会 の 承 認	② アーサ部会員2名の推薦を受け，かつ，アーサ部会役員会の承認を受ける。（申請書を組合へ提出）
行使契約の締結	③ 組合と行使契約を締結します。
許可の取り消し	ア．特別な理由がなく，2年にわたりアーサ養殖を行わない者。 イ．アーサ生産部会を除名された者。
海ぶどう養殖（部会加入義務）	
許 可 条 件	① 正組合員若しくは，理事会が特に認めた者。
理 事 会 の 承 認	② 海ぶどう部会員2名の推薦を受け，かつ，理事会の承認を受ける。（申請書を組合へ提出）
仮養殖の実施	③ まず，1池を管理し，部会において養殖技術を習得したと認められた者。
施設利用契約	④ 組合と施設利用契約を締結します。
許可の取り消し	ア．利用契約に違反した者。 イ．海ぶとう部会を除名された者。
貝類養殖（部会加入義務）	
許 可 条 件	① 組合員。
部 会 の 承 認	② 貝類部会員2名の推薦を受け，かつ，貝類部会役員会の承認を受ける。（申請書を組合へ提出）
行使契約の締結	③ 組合と行使契約を締結します。
許可の取り消し	ア．特別な理由がなく，2年にわたり貝類養殖を行わない者。 イ．貝類生産部会を除名された者。

出所）「組織別加入方法一覧表」恩納村漁協（2000：24）

の漁場環境の改善は同時に「海を中心とした村づくり」への寄与として社会的に評価されることになった。

　現在，恩納村漁協における漁業生産量のうち9割近くを海藻養殖が占めている。そのなかで，近年，比重を高めているのが海ブドウ養殖である。1994年に海ブドウ生産部会を立ち上げ，本格的な陸上養殖を開始し，2005年には沖縄県で初めて養殖拠点産地の認定を受けている。このような実績にもとづいて2000年から，恩納村産養殖モズク，アーサ，海ブドウに共通して「美ら

海育ち」というブランド名を打ち出している(養殖モズクには1991年から「恩納村漁協産」と明記)。

このように,第1次地域営漁計画が策定された1987年前後は,養殖事業への転換,赤土流出防止の取り組み,そして他の漁協にはみられない指導担当職員の設置など,現在に至る恩納村漁協の経営の基盤が築かれた時期であった。次にみるようにリゾート観光地化への対応もこの時期に基礎づけられたのである。

2)海を資源とした多面的な漁協経営

1980年代半ばにおける沖縄の観光地化は,先の座間味の事例でみたとおりであり,とくに恩納村は「リゾートのなかに村がある」とまでいわれるほどの一大リゾート観光地に成長した。当時の漁協のリゾートホテルに対する姿勢は次の一文に現れている。

「復帰後は,大手資本によるリゾート開発が行われた。当初,漁民は観光関連産業が盛んになるものとの思惑より,積極的に受け入れる姿勢をとった。しかしながら,旧態依然たる地元漁船は,リゾートホテル側に受け入れられず,ホテル側は,近代的な船舶を自前で購入し,独自営業を行うとともに,海面の囲い込みも問題となった。昭和60年には,怒り心頭に達した漁民により,村内事業所に対する海上デモが行われた。ここに至り,恩納村は漁民と海洋レジャーとのトラブルの最前線と化した。この時,漁業とリゾート産業との海面利用の調整に行政が積極的に関与した。昭和61年には,恩納村長を立会人とし,村内リゾートホテル,漁協の3者で,海面利用に関する協定を締結した」(恩納村漁業協同組合2001:36)。

1986年,リゾートホテルが漁場の囲い込みをしたことに抗議して,漁業者は船団を組んで海上デモを挙行するに至った(上田2006:223-224)。その結果,村行政の調停によってリゾートホテルとの間に次のような申し合わせを交わすことになった。すなわち,海面利用については地元のルールに従い,購買や観光については漁協の各部門を最優先で利用することとする。具体的

には，①釣り船，ダイビング案内船，グラスボートの漁協組合員の優先利用，②漁協取扱水産物の積極的利用および販売促進協力，③レジャー船燃料の漁協からの購入，④漁協巻揚機の利用協力と維持管理費負担，⑤漁場管理，放流等に対する協力金，があげられる。このような漁業者自身による活動があって，リゾート観光地化に対応した漁協の経営戦略が構築されていったのである。そのなかで特筆されるのは，「漁業振興協力金」という名目でリゾートホテルから集められる賛助金である。その金額は年間1千数百万円になり，全額，指導事業にあてられており，その3分の1が赤土流出防止対策やオニヒトデ駆除などの漁場保全活動に用いられている。オニヒトデ駆除の活動にはリゾートホテルからの参加もみられる。

　このようなリゾート観光地化に対応した恩納村漁協の多面的経営について，上田不二夫は「海業」として高く評価し，次のような指摘をしている。「恩納村の事例をみると，漁業（養殖業）生産を土台にして，着実に組合員の生活向上を図る姿勢が漁協運営には不可欠と思う。漁業もこれまでの主力である生産分野だけでは，経済的メリットは小さいし不安定さがつきまとう。漁協自体が多様な事業展開の出来る「経営者」としての感覚が重視されよう。漁協は協同組合としての性格もあり，民間企業とは違った役割も果たしてきた」（上田2006：228）。

　その経済効果を検証した鳥居享司によると，「リゾートホテルが漁協から購入する藻類と魚類の金額は，年間2000〜4000万円に達している。さらに，ホテルのレジャー船舶への燃料供給も行っており，年間2億円を超える利用を行っている」（鳥居2002：54）。また，ホテルとの「傭船契約によって漁協へは2％の手数料が入り，遊漁船業全体から漁協が得る受け入れ漁場利用料は，年間300〜400万円に達している」（鳥居2002：54）という[7]。さらに，1997年には観光部会を立ち上げ，1995年から恩納村商工会が窓口として実施している体験学習型観光の受け入れを行うようになっている（鳥居2002）。

表 3-4 恩納村における地域資源管理の取り組み

	恩納村漁協及び恩納村の取り組み/**観光と開発**
1970	恩納村漁協設立
1972	**本土復帰** 恩納村第1次基本構想
1973	**県土保全条例** モズク養殖研究グループ発足
1974	恩納村地先に単独漁業権
1975	**沖縄海洋博**
1976	**ホテルムーンビーチ開業**
1977	**日航キャンペーン開始**
1978	**全日空キャンペーン開始** モズク養殖収穫開始 赤土流出汚染発生 恩納村赤土流出防止協議会
1983	**万座ビーチホテル開業** モズク生産部会発足
1985	赤土被害に対する漁業補償要求 指導担当職員配置 リゾートホテルに会場デモ
1985～87	事前協議の慣行化
1986	恩納村赤土流出防止対策会議 「恩納村の開発と保全」シンポ
1987	**リゾート法** **かりゆしビーチホテル開業** モズク大暴落 恩納村地域営漁計画
1988	**ホテルラマダルネッサンス開業**
1989	恩納村漁協地域漁業活性化計画
1990	**リゾート沖縄マスタープラン** **海浜自由使用条例**
1991	恩納村環境保全条例 第2次恩納村地域営漁計画 恩納村漁業振興会発足
1992	恩納村第3次基本構想総合計画
1994	**赤土等流出防止条例** 第2次恩納村漁協地域漁業活性化計画「美海」 海ぶどう生産部会発足
1995	観光部会発足 恩納村商工会の体験学習受入
1996	国道工事に伴う赤土流出汚染
1997	観光部会発足
1998	北部国道改修工事関連連絡協議会
1999	サンゴ礁養殖研究部会発足
2000	第3次恩納村漁協地域漁業活性化計画「美海 part 2」 「美ら海」ブランド
2003	恩納村水産物加工流通センター開設
2005	海ぶどう養殖拠点産地指定 恩納村オニヒトデ対策ネットワーク発足

3）地域計画策定主体およびネットワークの結節点としての役割

これまでみてきたように，地域営漁計画にもとづく資源管理や漁場環境保全の取り組みは，サンゴ礁生態系保全の活動として社会的に評価されるものであった（表3-4）。漁協の掲げた，組合員の「経済的地位の向上」のみならず，「社会的地位の向上」という目標が実現されたといえる。その結果，「海を中心とした村づくり」のなかで漁業者の果たす役割が相対的に重要視されるようになり，地域における漁業者の発言権を増すことになったのである。

このようにして獲得されていった漁業者の社会的な地位を端的に示すものとして，陸上部の開発に関する「事前協議制」がある（家中 2000）。それは開発工事に先だって，村（行政）の立ち会いの下，漁協と開発事業者の間で結ぶ赤土流出防止のための協定である。工事中に赤土流出が起きた場合には工事を直ちに中断して復旧にあたらなくてならないとし，さらに，流出源が特定できない場合でも協議のうえ対応しなければならないとしている。この「事前協議制」によって，恩納村域における開発工事にあたっては必ず事前に漁協の同意が必要とされることとなった。

このことは，地域資源管理および地域環境保全の実践をとおして「網掛けの権利」が発生し，結果として，漁業者が地域計画策定主体としての地位を獲得するに至ったといえる（家中 2000）。実際，「美海（ちゅらうみ）」(1994年)，「美海（ちゅらうみ）part 2」(2000年) は，恩納村が掲げる「海を中心とした村づくり」の事業の柱になっているといってよい（図3-5）。すなわち，地域営漁計画にもとづく取り組みは，漁業者のみならず，住民，観光事業者，行政，その他の多様な諸主体相互による，海という地域資源への多様なかかわりを調整することにもつながり，海面利用秩序や地域環境管理の秩序形成に寄与したといえよう。

近年の次のような漁協の活動はそのことを表しているだろう。1983年以降，サンゴを食害するオニヒトデ駆除を継続してきたが，より効果をあげるために，2002年から産卵期前集中駆除に切り替え，さらに2005年には漁協，恩納村役場，村内リゾートホテルを中心に「恩納村オニヒトデ対策ネットワー

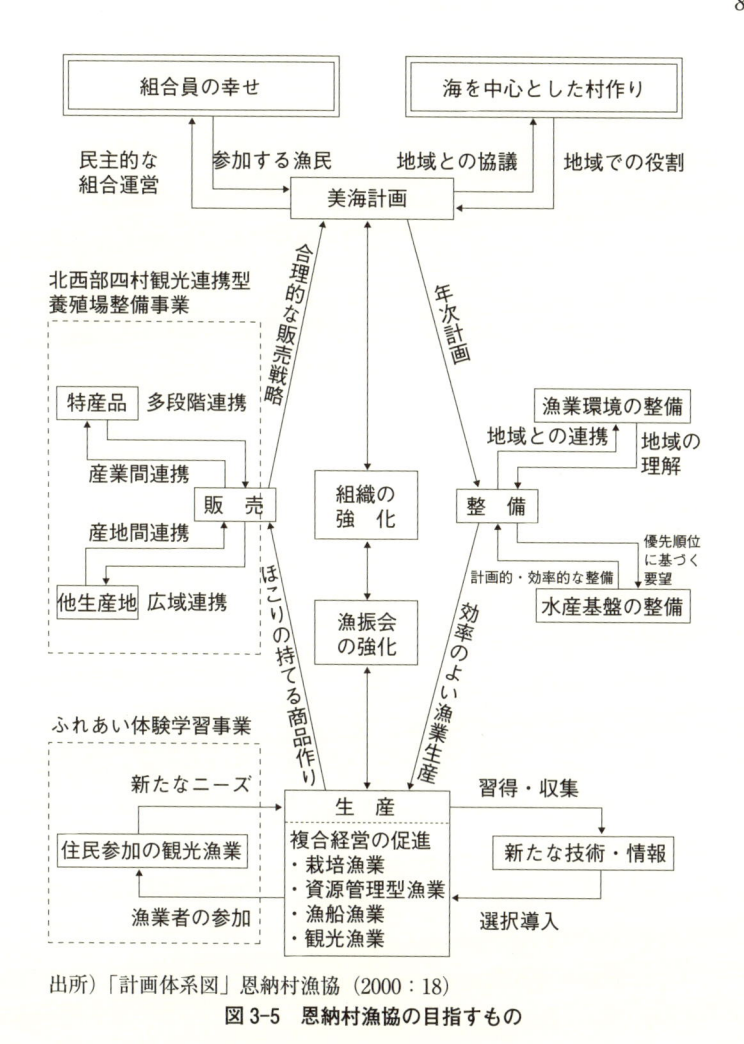

出所)「計画体系図」恩納村漁協（2000：18)
図3-5 恩納村漁協の目指すもの

ク」を結成して，相互の情報共有，役割分担を促進し，駆除効率を高めるようにしている。また，海水温温暖化の影響によるサンゴの白化現象に対応するのに，1999年に設置されたサンゴ礁養殖研究部会を中心に養殖サンゴの植え付けにもネットワークをつうじて取り組み始めた。

一方，漁協経営において重点を置いている養殖事業については，漁港敷地内に海ブドウ養殖施設を拡充するとともに，2003年に恩納村漁港敷地内に恩納村水産物加工流通センターを開設した。HACCP対応の加工場ではモズク，アーサ，海ブドウが「美ら海育ち」のブランド名で出荷されており，品質管理とともに雇用も生み出している。これらの施設整備は1999年に立ち上げた「北西部四村観光連携型養殖場整備事業」（同構想は1997年）にもとづいており，沖縄島北西部離島の伊江村，伊是名村，伊平屋村で生産される養殖水産物（トコブシ，ヒラメ）を恩納村にて加工・流通させ，販売面での集約化を図り，条件不利にある離島水産業の振興のためのネットワークを構築し始めているのである。

4. おわりに

以上，沖縄におけるふたつの事例をとおして，地域資源の生成プロセスと，それに伴う地域資源の利用主体の形成プロセスについてみてきた。そのことから「可能性の束」としての資源の層から何がどのように資源として取り出されて財（財の層）に変換されるかが重要であり，地域資源を地域資源としてとどめておくためには，そこに何らかの仕組みが介在する必要があることが理解されるだろう。事例では，自主的な資源利用のルールをつうじて地域資源の持続的利用が可能となるとともに，コミュニティを存続させていくための産業の地域化・生業化が促されていた。具体的には，座間味村ではオニヒトデ駆除や保全利用ルールにもとづくダイビングサービスであり，また，恩納村では地域営漁計画にもとづく資源管理やサンゴ礁保全の活動であった。どちらの事例においても，このような地域資源の保全利用の取り組みが「慶良間の世界」や「美ら海育ち」という地域ブランドの創成につながっている点も注目される。

近年，地域資源管理システムとして関心が高まっている漁業権制度であるが，しかし，一方で，漁業法のもつ「生産力主義」（漁業法第1条では「法の目的」として生産力の向上があげられている）が沿岸環境の保全システムと

して機能するうえで実態とあわなくなってきているという指摘もみられる。矢野（2006）は，琵琶湖という内水面漁業をめぐる事例をとりあげ，産業の近代化にともない，かつての半農半漁の生業的利用が，一方で専業農業化し（護岸工事をともなう圃場整備），一方で専業漁業化し（沖合での小鮎漁），そのために沿岸域における保全的利用主体がいなくなり，いわば「社会的空白地域」として沿岸域生態系の維持が放置されるに至った経緯を紹介している[8]。また，近年，話題となることが多い「里海」をとりあげた中島（2008）は，各地の事例を紹介しつつ，漁業を営む権利を法認した漁業法体系がカバーしていない地先海に対する漁村集落の慣行的権利について，そこにローカルルール（「生ける法」）が存在するのであれば，「地先権」[9]として位置づけられるべきであると主張している。

　このように従来の生産力重視の制度が見直されている背景には，現代社会において生産や消費ということの内実が大きく変容してきていることが指摘できる。すなわち，「私的利益に還元できる利用形態」（鳥越2006：32）ではなく，「生活の充実の増加を目指した利用」への期待が高まってきているのである。「地域レベルの多面的機能論」においても，多様な諸主体のかかわりをつうじて資源の価値が多様化・重層化されることをふまえ，このような価値創造を媒介する担い手の登場が期待されているといえるだろう。

　本章で取りあげたのは，沖縄という，自然生態系及び歴史的社会的経緯の点で本土の漁業集落とは異なった発展をし，漁業法体系が必ずしも十全に機能しているとはいえない地域の事例である。しかしながら，そのような地域の事例であるからこそ，そこで生成するコモンズに注目することで，海にかかわる多様な主体が登場し，多様なかかわりが模索されている現在の沿岸域の資源利用や環境管理について考察する手がかりを得ることができるだろう。

注：
1) 松田 (2008) 参照。

2）次の文章は，この取り組みの担い手がどのように形成されてきたかをよく伝えている。
「我が座間味の古老たちの話によると，サンゴ礁の敵であるオニは1940年頃もみかけたとのことである。
そのころのケラマ・座間味村は，ケラマガチュウ（ケラマカツオ節）の名声をほしいままにし，沖縄本島のみならず，内地にもその味の良さの評判をとどろかせていたそうだ。
カツオを釣る際の生き餌になるのは，スルルグァー（キビナゴ）やウフミ（キンメやスカシ）なので，それらを網で捕獲する時にみかけたそうだが，誤って刺すこともなかったようなので，生息数としてはおそらくたいしたものではなく，自然の一部の生物として，ごく当たり前にいたと思われる。ちなみにオニヒトデのことを方言でトォーガチチャー（唐のヒトデ）と呼んでいて，悪いものや珍しいものは外からやって来たものと考えていた節がありありとわかってしまうのはご愛嬌。
さて，オニの大量発生の原因は，いまだ不明確だが，ここ座間味村では，1974年頃大発生し，島の周りのミドリイシサンゴ類は全てと言っていいくらい食べつくされ，唯一，クバ島のリュウキュウキッカサンゴのみが生き残ったことを記憶している。また，これらの大発生がみられた年と前後して，カツオの餌とりが島のまわりだけではどうしようもなくなり，カツオ船の組合員たちが難儀したことも記憶に新しい。
今，座間味村では，ダイビングが盛んに楽しまれてるが，ナントカ根・・・とかいってダイバーが楽しんでいる根の大半は，かつてのカツオの餌とりの時に利用されていた，小魚たちの付く根であり先祖たちが大切に引き継いでくれた場所でもある。
現在，座間味村では，1995年頃からオニ退治のボランティア活動が行われ，サンゴ礁の管理保護に大いに貢献していて，とくにここ数年の異常発生には同じ地球上の生物同士の闘いのように踏ん張っている。2002年と2003年の合計では，駆除数150,512匹，延べ人数3,902名，延べ日数347日，延べ使用タンク5,030本，延べ使用船舶558隻となっており，夏，冬とわず仕事の合間をぬってオニ退治にでかけている。
つい10年ほど前までは，オニのいる所の全地域をできるだけくまなく潜り獲っていたが，広いサンゴ礁は，人的チカラではカバーできないので，結果的には，あらゆる水域でオニの食害にあってしまったとの反省から，最重要保全区域を決めその水域のサンゴを死守するようにしている。具体的には，ミドリイシサンゴの種類の豊富な，また，天候にあまり左右されなく，いつでもすぐに駆除作業ができる島の周りの地先（座間味村では里海とも呼ぶ）の4か所を絞り込みかつ，週にかならず1回以上は同一ポイントのパトロールを行っている。
文献によると，オニの生息は1ha（100m×100m）で30匹以上は尋常ではないということから，4か所の最重要保全区域の現状は，80匹とか120匹超をいまだに捕獲することなので，まったくもって油断はできない。30匹以下の生息でサンゴ礁とうまく共存してくれる日を待っているのだが・・・
ここ，数年前からエコツーリズムということから，カヌーやスキンダイビングのツアーが多くなってきた。島で生計をたてる者として大変うれしく思う反面,大変な責任を感じる。それは，島の里海である地先が，もう，人が管理しなくてはならないほどに，種々の要因によりその健全な存在がおびやかされつつあることに・・・オニは種々の要因の凝縮であるかもしれない。
いま座間味村では，海の環境を楽しむ時に，同一ポイントの利用を月に何回にしようとか，ボートは4隻までですよ！とかの啓蒙活動を実行している。日本でスクーバがレジャーと

して華になったのが1980年の頃・・・，座間味村でスクーバで経済活動しているわれわれの，環境に対する責任は大きい。いつも水域を見ているのはわれわれだし，その変化にしらんふりを決め込むのは，島を捨てるに等しく，先祖にたいしてかつ，子孫にたいしてこれ以上の裏切りはないのだから」
「オニヒトデと島の生活」中村毅（JOYJOY）http://www.cosmos.ne.jp/joyjoy/coram.htm
3) 1974年に，ホテルみゆきビーチが村内最初のリゾートホテルとして開業し，その後，1975年にホテルムーンビーチ，1983年に満座ビーチホテル，1987年にサンマリーナホテル，かりゆしビーチリゾート，1988年にルネサンスリゾートオキナワというように大型リゾートホテルが続々と開業した。2007年現在では，300人以上収容可能な大型ホテルが10あり，沖縄県内では那覇市の19に次ぐ（沖縄県全体では300人以上収容可能な大型ホテルは61あり，那覇市，恩納村の後には，石垣市7，名護市6と続く）。
4) このような急速なリゾート観光地化にともなう土地開発に対して，恩納村では行政が「恩納村方式」とよばれる開発許認可業務の仕組みをつくりだした。開発申請者は村の定めた様式にそった書類を提出することが義務づけられ，開発行為をおこなう時には，隣接地主はもちろん，集落と漁協の同意を義務づけられた。この「恩納村方式」は1991年に「恩納村環境保全条例」として条文化され，土地利用の面から村内を8区分し，開発に対して規制をかけている。同条例では，開発区域において開発行為をおこなう時には，住民同意をとることが義務づけられており，同意の対象として隣接地主と集落に加えて漁協が明記されている。
5) 地域との関わりを重視したこのような事業は次のような考え方にもとづいている。そのなかで注目されるのは，組合員の経済的地位の向上だけにとどまらず，「社会的地位の向上」が計画目標として掲げられていることである。
「恩納村漁協の漁場保全の取り組みのなかで注目されるのは，漁業は海の恵みを受けて成り立つ産業であり，漁場環境の保全は漁業者及び漁協の責務であるという基本的な姿勢である。それは，沿岸域の利用については漁協が調整機能をもつということであり，そのために，漁協の作成した計画について一般にも公開して情報の共有化につとめている。
計画策定にあたっては，関係する漁業者を全員集めて合議でおこなっている。たとえば採貝やモズクというように，各部会での話し合いを重視し，数十回と会合をもち，出席者は延べ200人となっている。取り決めは多数決ではなく全会一致を基本とする。というのも，会議は相当の時間と労力を要するが，全会一致でつくったものは全員が守ることになるからである。
資源管理とは漁業者の活動の基本をなすもので，自分たちだけよければよい，という考えを漁業者が捨て去ることが重要である。恩納村では，違反した人が利益を得るということはなくすようにしている。全会一致で協議したものは必ず守らせるようにし，守れないものはルールとして決めないようにしている。遊漁との関係は，漁場を多面的に利用し，重なり合って使用する，という考え方をとっている」（「サンゴ礁の保全と利用：理解と対話の新たな枠組み―第一回サンゴ礁保全関係者意見交換会―」（亜熱帯総合研究所主催，2002年3月16日開催）における恩納村漁協職員（指導員）比嘉義視氏の報告「恩納村の漁場管理計画」から）。
6) 恩納村における資源管理型漁業については，鹿熊（1996，2006）に詳しく記されている。なお，各部会の設立年は以下である。モズク生産部会1983年，アーサ生産部会1989年，海ぶどう生産部会1994年，貝類生産部会1989年，観光漁業部会1997年，サンゴ礁養殖研

究部会 1999 年。各部会の経緯については恩納村漁協 (2001) に詳しい。
7) ボートダイビングにおいては，リゾートホテルと漁協組合員の直接取引によってトラブルが発生することのないよう，漁協が間に入って立ち会い，契約書を交わす方式をとっている。
8) これらの主張は，農業農村の多面的機能論と関連して，生産力主義にのっとった戦後農政を，生活組織としての村落という観点から批判する「生活農業論」と通じるところがある (九州農文協 1999；徳野 2007)。
9) 法例 2 条によって法律と同一の効力をもつことが認められた慣習（海の入会）のうち，漁業調整の目的の範囲内で取り込まれたのが共同漁業権である。よって，その目的以外においては，ローカルルールにもとづく利用がある限り，依然として慣習的権利が生きているという主張が成り立つ。それを「地先権」とよぶことができる。海の入会慣行と漁業法との関係については，熊本 (2000：48-49, 92-95) を参照。
なお，本章でとりあげた座間味におけるダイビングサービスの自主的保全ルールやオニヒトデ駆除の活動，恩納村漁協の地域営漁計画にもとづく資源管理やサンゴ礁保全活動は，その活動をつうじた地域への働きかけに応じて「共同占有権」が発生している事例としてとらえることができる。この共同占有権にもとづいて，座間味のダイビング事業者や恩納村の漁業者は当該海域に対して他に優先する発言権を得ているということができる。「共同占有権」については，鳥越 (1997：47-79；2004：85-88, 2006：29-32) を参照。

引用文献：

上田不二夫 1984.「海と村」木崎甲子郎・目崎茂和編著『琉球の風水土』築地書館, pp. 179-193.
――2006.「宮古島ダイビング事件と水産振興―海洋性レクリエーション事業への対応と漁協事業―」, 佐竹五六・池田恒男編『ローカルルールの研究―「海の守人」論 2』まな出版企画, pp. 192-238.
恩納村漁業協同組合, 1992.『恩納村漁業協同組合創立 20 周年式典』
――1994.『第 2 次恩納村漁協地域漁業活性化計画―美海（ちゅらうみ）―』
――2000.『第 3 次恩納村漁協地域漁業活性化計画書　美海（ちゅらうみ）PART2』
――2001.『創立 30 周年記念誌』
鹿熊信一郎 1996.「恩納村地域における資源管理型漁業」,『魚まち』沖縄地域ネットワーク社, pp. 52-56.
――2006.「アジア太平洋島嶼域における沿岸水産資源・生態系管理に関する研究―問題解決型アプローチによる共同管理・順応的管理にむけて―」, 東京工業大学博士論文
嘉田由紀子 2001.『水辺ぐらしの環境学―琵琶湖と世界の湖から』昭和堂
環境省九州地方環境事務所那覇自然環境事務所, 2008.『平成 19 年度慶良間地域エコツーリズム推進全体構想作成支援調査報告書』
鬼頭秀一 1996.『自然保護を問い直す―環境倫理とネットワーク』筑摩書房

熊本一規 2000. 『公共事業はどこが間違っているのか―コモンズ行動学入門「早わかり入会権・漁業権・水利権」』まな出版・れんが書房新社
九州農文協 1999. 『生活農業論―「生活」視点で拓く農業・農村の展望―』, 季刊『農村文化運動』153
佐藤仁 2008. 「今, なぜ『資源分配』か」, 佐藤仁編『資源を見る眼―現場からの分配論』東信堂, pp. 3-31.
JF 環境・生態系保全チーム（JF 全漁連漁政・国際部）2007. コラム「恩納村漁協におけるサンゴ礁の保全活動」『里海通信』4, pp. 5.
敷田麻実・横井謙典・小林崇亮 2001. 「ダイビング中のサンゴゆう乱行動の分析―沖縄県におけるダイバーのサンゴ礁への接触行為の分析」, 『日本沿岸域学会論文集』, pp. 105-114.
徳野貞雄 2007. 『農村の幸せ, 都会の幸せ―家族・食・暮らし』日本放送出版協会
鳥居享司 2002. 「地域参加型体験ツーリズムの効果と課題―恩納村における取り組みを事例として―」, 地域漁業学会編『地域漁業研究』42（3）, pp. 47-65.
――2004. 漁業と観光資本の良好な関係構築にむけた条件と課題―沖縄県恩納村漁協におけるリゾートホテルの共存関係を事例に―」, 漁業経済学会編『漁業経済研究』48（3）, pp. 41-57.
鳥越皓之 1997. 『環境社会学の理論と実践―生活環境主義の立場から』有斐閣
――2004. 『環境社会学―生活者の立場から考える』東京大学出版会
――編 2006. 『里川の可能性―利水・治水・守水を共有する』新曜社
中島満 2008. 『「里海」って何だろう？』, 『水産振興』第 487 号, 東京水産振興会
松田裕之 2008. 『生態リスク学入門―予防的順応的管理』共立出版
家中茂 2000. 「地域環境問題における公論形成の場の創出過程―沖縄県恩納村漁協による赤土流出防止の取り組みから―」日本村落研究学会編『村落社会研究（村研ジャーナル）』13, pp. 9-20.
――2007. 「社会関係のなかの資源―慶良間海域サンゴ礁をめぐって」松井健編『資源人類学 6　自然の資源化』弘文堂, pp. 83-119.
矢野晋吾 2006. 「漁業権の正統性とその変化―コモンズの管理としての漁労」宮内泰介編『コモンズを支えるしくみ―レジティマシーの社会学』新曜社
鷲谷いずみ・草刈秀紀編 2003. 『自然再生事業―生物多様性の回復をめざして』築地書館

（家中　茂）

第4章　サンゴ礁海域における海洋保護区（MPA）の多面的機能

1. はじめに

　アジア太平洋サンゴ礁海域の水産資源を保護・増殖するため，様々な「場」を管理する制度が使われてきた。これらの禁漁区・保護区などには様々な名称が付いているが，最近は総じて MPA（Marine Protected Area：海洋保護区）と呼ばれることが多い。

　サンゴ礁漁業の管理に関する本 *Reef Fisheries* では，いくつかの章で MPA の有効性が主張されている（Polunin and Roberts 1996）。各地の MPA の事例を紹介した本も多い（Cicin-Sain and Knecht 1998；Sobel and Dahlgen 2004；World Bank 2006 等）。日本では，海洋政策の視点からみたもの（加々美 2006），熱帯域の MPA を分析したもの（中谷 2004）等がある。MPA の設定による漁獲量の増加を直接調べた報告は多くないが，潜水目視観察による魚類の種数・生息数の増加や MPA の成功要因を定量的に調べた報告などはある（Wamitez *et al.* 1997；Russ and Alcala 1998；Ferraris *et al.* 2005；Pollnac *et al.* 2001）。

　2002年の WSSD（環境・開発サミット），その後の IUCN（国際自然保護連合）世界公園会議，生物多様性条約締約国会議では，2012年までに MPA のネットワークを構築する目標が立てられている。このため各地で MPA が増えているが，同じように MPA と呼ばれていても，その形態は非常に多様である。また，その機能も多面的である。例えば，サンゴ礁生態系保全のためにも MPA は利用される。漁業の視点から見ても，重要水産生物の生息場，保育場，餌場として，サンゴ礁・マングローブ生態系の保全は水産資源管理の一環として考えられてきている。一方，MPA の生態系保全の効果を前面にだし，生物多様性保全を主目的とした MPA も増えている。また，海洋エコツーリズムを進めるため，MPA を設定して観光資源を保護しようとする

取組も，アジア太平洋の島嶼各地で見られるようになった。

　MPA が多面的に利用される一方，それぞれの利用方法の間でコンフリクトが生じる恐れもある。例えば，生物多様性のためには MPA はできるだけ大きい方がよいが，漁業者にとっては，大きい MPA は操業区域の縮小を意味する。また，エコツーリズムによる利用も，漁撈文化・魚食文化を守ることと対立する可能性がある。

　第 4 章は，アジア太平洋・インド洋の 6 か国，沖縄の 5 地区におけるサンゴ礁 MPA を事例に，MPA の多面的機能，主に水産資源管理を目的とした MPA の多様性を整理するとともに，生物多様性保全やエコツーリズム利用とのバランスをとる方法を探る。

2. 調査方法

　フィジー，サモア，ミクロネシア連邦（FSM），フィリピン，インドネシア，モーリシャスおよび沖縄の 5 地区における MPA を，主に 2002〜2006 年に調査した（一部 2001 年以前の調査結果も加えた）。調査は漁村，政府，大学，NGO からの聞き取り，文献調査を主体としたが，できる限り現地の MPA で潜水調査を実施し，サンゴ群集や魚類相などを自分の目で確認するようにした。

3. MPA の多面的機能

　本章の中心となる MPA は，水産資源の保護・増殖を主目的としたものである。MPA という呼称でないこともあるが，機能としては場を管理して水産資源を守ろうとするもので，比較的長い歴史をもつものが多い。だが，MPA という呼称は，むしろ生態系・生物多様性の保全を主目的としたものに多い（World Bank 2006）。1 つの MPA が複数の機能を併せもつケースが多いが，ここでは水産資源管理，生態系保全，エコツーリズムの場の 3 つの機能側面から整理する。

1）水産資源管理

(1) 効果的な管理ツール

水産資源管理のツール（手段）には，禁漁期，禁漁サイズ，漁具・漁法制限，免許，漁獲量制限などもあるが，熱帯沿岸域ではMPAが最も有効だと考えられている。その理由は，綿密な調査なしでも，漁業者の知識（特に重要対象種の産卵場・産卵期）をもとに設定が可能なこと，熱帯の特徴である多魚種の条件にも対応していること，規則を柔軟にしておけば様子をみて面積や数を変更できること，参加型の管理策になりやすく，計画の段階から村落住民の参加があれば，そのプロセスそのものが住民の資源管理意識の向上に寄与すること等である。水産資源管理を主目的としたMPAの事例については「5 MPAの多様性」にまとめた。

(2) スピルオーバー効果

永久設定の場合，水産資源の保護・増殖を目的とするMPAでは，MPA外で対象生物の漁獲量が増えなければならない。それには，MPA内の漁業対象生物の卵・幼稚仔・成体が，MPA外へ拡散するスピルオーバー効果[1]により，周辺漁場での密度が増加する必要がある。このため，スピルオーバー効果を定量的に把握することが期待されているが，熱帯域では，これに必要な対象生物の拡散に関する科学的な調査研究が遅れているのが実状である。

スピルオーバーの過程を調査するには，流動場と対象生物の生態の両方を調べる必要がある。灘岡ら（2002）は，係留系観測，GPS漂流ブイ，海洋レーダ等による流れの現地観測と数値計算から，サンゴ幼生が那覇の西35kmに位置する慶良間諸島から，黒潮に起因する東向きの流れにより沖縄島に輸送されることを明らかにした。また，水槽実験では，ミドリイシ属サンゴの孵化幼生は，沖縄島に輸送されるまでに必要な数日の期間の後，着底基質の探索行動を開始した。

対象生物の浮遊幼生の生態を調べることは重要である。例えば，沖縄で貴重な貝類資源であるヒメジャコとタカセガイでは，孵化幼生の浮遊期間がそれぞれ6～7日と2日で大きく異なる。このため，MPAからスピルオーバー

した幼生が到達する距離も大きく異なる。スピルオーバー効果だけを考えるなら，到達距離の短いタカセガイでは小さな MPA を広範な地域に分散したほうが効果的となる。

2）生態系保全
(1) 生物多様性の保全
　生態系を維持することを主目的とした MPA では，生物多様性の保全が重要な目標となる。生物多様性の保全はなぜ必要なのだろうか。
　1998 年に当時の環境庁が立ち上げた生物多様性センターのホームページでは，生物多様性を保全する理由として「多様な生物は，それぞれが生態系の中で大切な役割を担っており，相互に影響しあって私達人間の生存に欠かすことができない自然環境のバランスを維持している」ことをあげている。日高ら（2005）も，生物多様性が失われれば人類の生存は危ういとしている。つまり，生物多様性は生存のための全人類の課題ということになる。
　太平洋の島々では希少種が豊富な「ホットスポット」は少ないが，普通の生物多様性が失われようとしている「クールスポット」が多く存在し，そこでは生物多様性はまさに人々の生活の基盤を形成している（Thaman 2005）。この場合は生存のための全人類の課題と特定村落の課題が一致している。だが，漁業の継続をめぐり両者が対立するケースも考えられ，その場合にはバランスをとらなければならない。
　サンゴ礁生態系・生物多様性の保全を目的とした MPA で最も有名なのは，オーストラリアのグレートバリアリーフにおけるゾーニングだろう。ここでは，規制レベルの異なる様々なゾーンが設定され，広大なサンゴ礁海域を効果的に管理している。しかし，グレートバリアリーフの堡礁はオーストラリア大陸から数 10〜100 km も沖合に存在し，陸域からの人間の影響があまり及ばない。アジア太平洋島嶼域では，サンゴ礁は岸に近い裾礁か，堡礁であってもラグーン（礁池）は比較的狭いことが多い。ここでは沿岸に多くの人々が暮らし，サンゴ礁と密接に関わっているので，グレートバリアリーフ式

MPAシステムはうまく働かないのではないかと思う。むしろ，人類とサンゴ礁が共存する資源利用型のMPAシステムを開発していくべきではないだろうか[2]。

(2) 生態系保全を主目的としたMPA

サンゴ礁生態系保全を主目的としたMPAも多い（ISRS 2004）。沖縄島の西に位置する座間味村において，ダイビングを中心とする観光は村の主幹産業となっている。そして，この観光産業はサンゴ礁生態系に支えられている。

1990年代の後半，座間味村周辺の優良なダイビングポイントは，過剰な利用による悪影響がでてきていた。サンゴ礁生態系を構成する生物を採取しない非消費型の利用であるにもかかわらず，人気の高いポイントでは1日に数百人ものダイバーが利用することもあり，その影響は無視できない状態になっていた（敷田ら2001）。サンゴ礁生態系はダイビング，スノーケリングによるオーバーユースによってもかく乱を受けるためである。アンカリングや経験の浅いダイバーのフィンキック等による物理的な破壊の他，砂の巻き上げ，ボートからの油漏れ等により，サンゴにストレスを与えることも影響していると言われている。このため，座間味村のダイビング事業者は，優良なポイントのいくつかを閉め休ませることを検討した。

1998年当時，座間味村のダイビング事業者は協会を設立しておらず，組織としてダイビングを対象としたMPAを設定することはできなかった。このため，組合員の多くがダイビング事業を営む漁業協同組合（漁協）が主体となり，図4-1に示したニシハマ，安慶名敷，安室島東の3か所に，3年間をめどに漁業もダイビングも自粛するMPAを設定した。境界を示すブイの設置は，漁協とダイビング事業者の協力のもとに実施された。

ニシハマでは，MPA設定後のサンゴ被度の推移を，ボランティアダイバーらが世界的に統一されたリーフチェックの手法で調査している。1999年〜2001年までサンゴ被度は平均約30％から50％近くまで回復した。これはMPA設定の効果と判断できる（谷口2003）。だが，2002年にはオニヒトデが急増し，サンゴ被度は30％程度まで下がってしまった。特にオニヒトデが

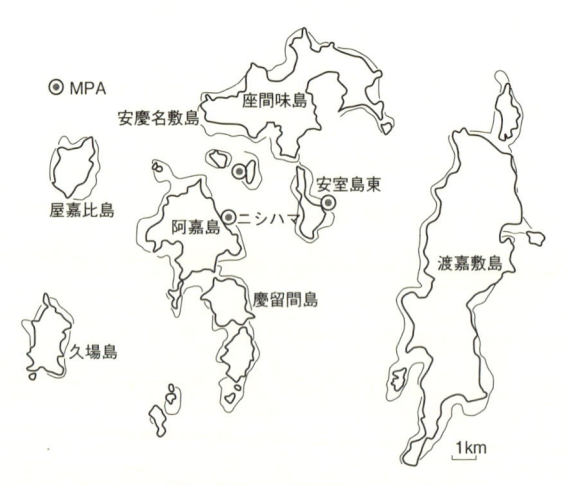

図4-1 座間味村の漁業・ダイビングMPA

好んで食べるミドリイシ類が減少した。

　安室島東のMPAでは，漁業・ダイビングが禁止されたため誰も訪れない間に，オニヒトデによって壊滅的な被害を受けてしまった。2005年ではサンゴ被度に回復の様子は見られていない。安慶名敷のMPAでは，サンゴの被度は2002年でも維持された。保護対象のサンゴが枝状ハマサンゴであり，オニヒトデが集まらなかったことが主因と考えられる（谷口2003）。

　安室島東と安慶名敷のMPAは2006年時点でも継続されていたが，ニシハマはサンゴの被度に回復が認められたため，3年半後の2001年にオープンされた。ただし，サンゴ礁域沖の砂地海底にコンクリートブロックと係留用ブイを2基設置し，1度にアクセスできる船の数を制限するとともに，アンカーによる被害を防止している。

　3）エコツーリズムの場
　持続的なサンゴ礁漁業を達成するには対象資源の管理が必要であり，このためには代替収入源対策が重要となる。なぜなら，資源管理の初期には「資

源が増えるまで漁獲をある程度がまんしなければならない」ことが多く，代替収入を村落に提供しないと資源管理活動が持続しないためである。養殖，浮魚礁，水産加工などが代替収入源の候補となる（鹿熊 2004；2005）が，エコツーリズムもその候補となる（Felstead 2001）。沿岸の水産資源を消費しない形で村落住民が収入を得る方法である。

　フィジーのビチレブ島南西部，ヅブ村に隣接するホテル・シャングリラリゾートは，小さな島全体がリゾートになっていて，44ヘクタール（ha）の敷地に436室の施設があり，700人の従業員が働いていた。従業員のほとんどは地元から雇用されていた。ビチレブ島南部には，このようなリゾートが大きいものだけで5つある。

　リゾートの前の海はヅブ村の漁業区域となっており，村の人達はホテルと協力してここにMPAを設定している。ホテル側の利益は，宿泊客がすぐ前の海で泳いで，多くの魚や美しいサンゴを見ることができることである。村側の利益として，雇用以外に村の様々な行事にホテル側から資金の提供がある。MPAの監視員はヅブ村から10人任命されており，この手当用にホテルから村の基金へ資金が流れている。MPAは1年に1～2日，ヅブ村の人達に解放される。時期はセレモニーに合わせ村のチーフが決定する。

　ホテルは地元出身者を雇用し，海洋生物などに関する研修を受けさせた後，MPA内でのスノーケリングツアーのガイドに任命していた。観光客は，MPA内を泳ぐには料金を支払って，ガイド付き「責任あるスノーケラーコース」に参加しなければならない。この料金の一部はヅブ村の基金に積み立てられる。また，ホテルは小型のコンクリート構造物を使い，MPA内のサンゴの移植に取り組んでいた。

　ビチレブ島南部のナブトゥレブや西部のママヌザ諸島でも，リゾートホテルと関連したMPAの設定がおこなわれていた。モーリシャスでも海洋公園の区域内に大型のリゾートが存在し，スノーケリングツアーが組まれていた。

　MPAをエコツーリズムの場として利用する方法は，沿岸資源の利用を「獲って食べる」漁業優先の方法から，「見る・遊ぶ」ことで利用する生態系

優先の方法へ転換すると考えられるため,漁村文化への影響が懸念される。

エコツーリズムに利用するため,村落地先の広い海域をノーテイク(完全禁漁)MPAに設定するケースも考えられる。フィジーやサモアでは実際にこのようなケースが見られるようになった。あまり大きなノーテイクMPAを村落地先に設定すると,地域の漁民は操業の場を相当失うことになるので,生活に影響を与える恐れがある。

小さなサンゴ礁漁場しかない地区に大きなリゾート施設が建設され,リゾート側と関係する村落が調整した結果,サンゴ礁漁場のほとんどをノーテイクMPAにしてしまうこともあるかもしれない。住民の多くはリゾートに雇用され,収入をここから得ることになる。サンゴ礁漁場からの漁獲はなくなるので,タンパク源は外から購入した冷凍肉や缶詰などに頼ることになる。

この場合,漁村の文化は大きな影響を受ける。波の荒いラグーンの外に出ないかぎり漁業の機会はなくなるので,小規模漁業の漁撈文化は自給漁業を含め失われていくだろう。また,アジア太平洋島嶼域の人々は魚食への依存度が高いので,食文化にも大きく影響することになる。さらに住民の健康にも影響する。トンガでは,魚に替わって脂肪分40％の冷凍羊肉に食習慣が変化した結果,国民に心臓病などの生活習慣病が増えている(浜口2002)。これは極端なケースだが,大きなMPAを設定する場合は,村落住民の収入だけでなく漁村文化を含め広く検討しなければならない。

4. MPAの設定方法と面積

1) MPAの設定方法

MPAを設定する際には,位置,面積,期間,対象の4つが重要な要素となる。これらを決定するには,対象種の産卵場,産卵期,生育場,漁場,スピルオーバー効果,ネットワーク効果,漁業実態,初期の漁獲減の程度など,検討しなければならないことが数多くある。

熱帯域では,魚種数が多いこともあり,政府や研究機関による調査結果だけでなく地域漁業者の知見も活用してMPAが決められることが多い。ま

た，このように漁業者が参加して決定された MPA は，その後の管理活動も持続的となる傾向がある。さらに，政府が設定し，政府の責任のもとに運用される MPA は，規則の変更に時間がかかる。より柔軟で，村落住民が意志決定し運用する MPA に利点が多い。

　生物多様性など，新しい生態系保全の考えを無理に村落に押しつけると失敗する恐れがある。だが，例えばサモアでは，村落地先は伝統的に禁漁区とされていた。このため，村落住民は比較的容易に MPA の考え方を受け入れた。フィジーでも禁漁区の概念は新しいものではない。チーフの死後100日〜1年間，ある海域をタブー区域として禁漁にすることが古くから実施されてきた。そして，このタブーが水産資源に良い影響を与えるという知識も伝えられてきた。東南アジアでも，地先の資源を守るための伝統的禁漁区システムをもつ地域は多い。インドネシアの「サシ」もその一つである（村井1998）。このような地域では，伝統的な知識と新しい知識を融合させる方法で MPA を設定していけば，成功の確率はより高くなると考えられる。

2) MPA の面積

　サンゴ礁生態系の保全をめざす人達にとって，現在の熱帯域における MPA の面積は小さすぎると考えられている。例えば，2004年に沖縄で開催された第10回国際サンゴ礁シンポジウムでは，最終日に「危機にある世界のサンゴ礁の保全と再生に関する沖縄宣言」が決議された。この宣言には4つの鍵となる戦略があり，第2の戦略は「効果的な MPA を増やす」ことである[3]。また，フィジーの外務大臣は，2020年までに沿岸漁業区域の30%を MPA に設定すると発表した。このように，今後，サンゴ礁海域の MPA の面積は拡大する方向にあると考えられる。

　表4-1に調査した国・地区の MPA の面積などを示した。フィリピンには政府が設定した MPA や村落主体の MPA が多数存在する[4]。ある沿岸資源管理プロジェクトでは，2000年までにフィリピン各地の18の湾で69の MPA が設定された。その面積は2〜200 ha，平均35 ha だった（FRMP

表 4-1 調査した国・地区の MPA の面積，期間，目的など

国・地域	地区・プロジェクト	数	面積（ha）	期間	目的[1]	主体	対象・種類	データソース
フィリピン	Fiseries Resource Management Project	69	2-200（平均35）		F. M.	共同	no-take	FRMP 2000
	バナテ湾魚類保護区	1	25	無期限	F. M.	共同	魚類	聞き取り等[2]
	バナテ湾貝類保護区	1	25	無期限	F. M.	共同	貝類・海藻	聞き取り等
	スリガオ（マングローブ）	3	13.7-56.3				no-take	聞き取り等
	スリガオ（サンゴ）	3	10-15.4				no-take	聞き取り等
	カディス	1	4,622	無期限	F. M.	政府	バッファー[3]	聞き取り等
	サガイ海洋景観保護区	1	32,000	無期限	B. D.	政府	バッファー	聞き取り等
	サガイ海洋リザーブ	3	2,000	無期限		政府	no-take	聞き取り等
インドネシア	スペルモンド諸島	6	4-6	無期限	F. M.		no-take	聞き取り等
フィジー	ベラタ	1	24	無期限	F. M.	村落	二枚貝	Tawake et al. 2001
	ナブトゥレブ	1	約100	5 年	E.. T.	村落	no-take	聞き取り等
	ヅブ	1	約170	無期限	E.. T.	村落	no-take	聞き取り等
	マロロ島	1	1,000 以上	3 年	F. M.	村落	no-take	聞き取り等
	FLMMA	75	沿岸漁場の10-20%					聞き取り等
サモア	アレイパタ	1	6,668	無期限	B. D.	政府	バッファー	聞き取り等
	サファタ	1	8,438	無期限	B. D.	政府	バッファー	聞き取り等
	各漁村地先	38	0.5-17.5			村落	no-take	King & Fa'asili 1999
FSM	ポンペイ	9	36-795（平均269）	無期限		政府	no-take	聞き取り等
モーリシャス	ブルーベイ海洋公園	1	353	無期限	B. D.	政府	バッファー	聞き取り等
	バラクラバ海洋公園	1	485	無期限	B. D.	政府	バッファー	聞き取り等
	魚類保護区	6	F. M.	無期限	F. M.	政府	バッファー	聞き取り等
沖縄	八重山（クチナギ）	4	1600（計画）[4]	4-5 月	F. M.	共同	no-take	聞き取り等
	羽地・今帰仁（タマン）	2	425（計画）	8-11 月	F. M.	共同	no-take	聞き取り等
	川平湾保護水面	1	275	無期限	F. M.	政府	定着性資源	沖縄県 2004
	名蔵湾保護水面	1	68	無期限	F. M.	政府	no-take	沖縄県 2004
（参考）キリバス		1	18,470,000	無期限	B. D.	政府	バッファー	聞き取り等
オーストラリア	グレートバリアリーフ	1	34,440,000	無期限	B. D.	政府	バッファー	Davis 2006
ハワイ	北西部	1	36,000,000	無期限	B. D.	政府	バッファー	Davis 2006

注1：主とする目的．F. M.：水産資源管理，B. D.：生物多様性保存，E.. T.：エコツーリズム．
注2：聞き取り等には，現地で入手した公表されていない資料を含む．
注3：バッファーは多目的利用区などを含む．
注4：（計画）は計画段階の面積で，実際はこれより小さかったと考えられる．
　　　空白の欄は，不明か分類が困難なもの．

2000)．パナイ島バナテ湾は，大部分が砂泥域でサンゴが生育する海域は限られている．このため，MPA は湾北部の魚類保護区 (25 ha)，湾南部の貝類・海草保護区 (25 ha)，いくつかのマングローブ保護区が設定されていた．ミンダナオ島スリガオでは，ノーテイク MPA として，マングローブ域 3 地区

(13.7〜56.3 ha），サンゴ礁域3地区（10〜15.4 ha）が計画されていた。太平洋島嶼国を含め，村落主体で設定されるMPAは，通常数ha〜数10 haのものが多い。

一方，ネグロス島北部カディス地先に地方政府が設定したMPAは4,622 haの広大なものである。だが，ノーテイクMPAではなく刺網，手釣などは認めている。底曳網のような能動的漁具の使用を禁止しているので，ゾーニングとしての効果をもっている。カディスの東隣に位置するサガイでは，国が1995年に設定した海洋景観保護区の総面積は32,000 haで，サガイ市は2001年，このなかに計2,000 haの3つのノーテイクMPAを設定した。

太平洋の広大な海域に散在する島嶼国であるキリバスの政府は，多目的利用ゾーンを含む1,847万haのMPAを設定する計画を2006年に発表した。北西ハワイでも2006年に約3,600万haの広大なMPAが計画された（Davis 2006）。モニュメントと呼ばれるこのMPAでは，商業漁業は厳しく制限され，水産業界からの反発もみられる（WPRFMC 2006）。これらのMPAは明らかに沿岸のMPAとは性格が異なるが，MPAの面積は様々であることがわかる。

適正なMPAの面積はどの程度なのだろうか。これはその地域の実情に応じて変わるもので，対象種の生態，漁場の広さなど様々な条件を検討しなければならない。重要な点は，スピルオーバー効果などを定量的に調査することと，十分な自然科学的情報が集まるのを待つのでなく，地元住民の意見を取り込んで位置・面積を決定し，管理の効果を順応的に検証してMPAを改良していくことだと思う。

5. MPAの多様性

1）MPAの分類

陸域を含めた保護区には様々な形態があり，IUCN（1994）は以下の7つのカテゴリーに分類している。

Ⅰa：Strict Nature Reserve（厳格な自然保護区域）

Ⅰb：Wilderness Area（原生自然保護区域）
Ⅱ：National Park（国立公園）
Ⅲ：Natural Monument（天然記念区域）
Ⅳ：Habitat/Species Management Area（生息域/種の管理区域）
Ⅴ：Protected Landscape/Seascape（景観保護区域）
Ⅵ：Managed Resource Protected Area（資源保護管理区域）

世界銀行は，MPA を以下の4つのカテゴリーに分類している（World Bank 2006）。

Ⅰ：Biodiversity Conservation and Habitat Protection（生物多様性・生息域保全）
Ⅱ：Multiuse Marine Management（多目的利用海洋管理）
Ⅲ：Sustainable Extractive Use Marine Resource Management（持続的利用海洋資源管理）
Ⅳ：Culture-Ecological/Social Protection（文化生態/社会保護）

ここでは，これらのカテゴリーにはとらわれず，水産資源管理を主目的とした MPA の多様性を整理する。強いて当てはめるなら，IUCN のカテゴリーではⅥ，世界銀行のカテゴリーではⅢに分類されるものである。

2）完全禁漁と限定的禁漁
(1) ノーテイクと多目的利用

サモアには，ノーテイク MPA の周囲を規制のゆるいバッファー（緩衝）ゾーンで囲む MPA が存在する。サモア政府水産局は，1995年から沿岸資源の管理計画を漁村に作成・運営させる普及プロジェクトに取り組んでいる。2004年までに合計 83 の漁村が MPA の設置を柱とする資源管理を開始した。

サモアの MPA には，水産局のプロジェクトで設定された漁村ベースの MPA と，IUCN・サモア政府自然資源環境省のプロジェクトで設定された地区ベースの MPA がある。漁村ベースの MPA は，通常，面積の小さい（0.5〜

17.5 ha：King and Fa'asili 1999）ノーテイク MPA が漁村地先に 1 つ設定され，漁獲規制の内容や罰則などの規則は漁村内で決められる。2005 年では，サモア全体で 60 の漁村ベース MPA が設定されていた。

　地区ベースの MPA は，ウポル島のアレイパタ地区（図 4-2）とサファタ地区に設定されている。アレイパタ地区は 11 村，サファタ地区は 9 村で構成される。両地区とも地区ベースの MPA のなかに漁村ベースの MPA が存在する。漁村ベース MPA はノーテイクである。その外側の地区ベース MPA は多目的利用ゾーンとなっており，観光利用や伝統的漁法は認められるが，破壊的な漁法，効率の良すぎる漁法は禁止されている。

　両地区の MPA では，関係する漁村，政府関係者，研究者，NGO 等が話し合い，ノーテイク MPA の位置や大きさを決定し，多目的利用ゾーンの規則を決めることになる。このため，漁村の漁場境界を越えて回遊する魚類を対象にできる，小さな MPA のネットワークを構成できる，ノーテイクとバッファーを効果的に組み合わせることができる等，地区全体で総合的な資源管理を進めることが可能となる。

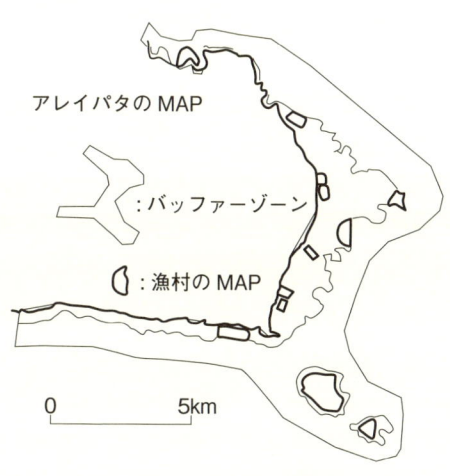

図 4-2　アレイパタの MPA

(2) 禁漁期との組合せ

　沖縄ではフエフキダイ類を対象とする MPA が 2 地区に設定された。八重山海域のクチナギ対象のものと，沖縄島北部・羽地今帰仁海域のハマフエフキ対象のものである。クチナギの MPA は主産卵場 4 カ所を主産卵期の 4〜5 月に禁漁とした。ハマフエフキの MPA は若齢魚が多くなる 8 月〜11 月を禁漁とした[5]。

　羽地・今帰仁では，漁業者の意見をもとに，若齢魚が多く生息する藻場の外縁部 2 区域（図 4-3）を MPA に設定することになった（海老沢 2000）。MPA の規則は，2000 年の羽地・今帰仁両漁協の総会で正式に決議されている。以後，禁漁の始まる 8 月の前に，漁業者代表のグループが境界ブイを設置し，交代で密漁を監視している。

　この地区の資源管理は効果が定量的に評価できる。MPA の設定により 1 歳魚の漁獲が減り，2 歳魚，3 歳魚の漁獲が増えている。管理を開始する前の 1999 年には，全体に対する 1 歳魚と 2 歳魚＋3 歳魚の比率は，それぞれ約 4 割と約 3 割だった。2000〜2002 年の 3 年間の平均では，これが約 1 割と約 6

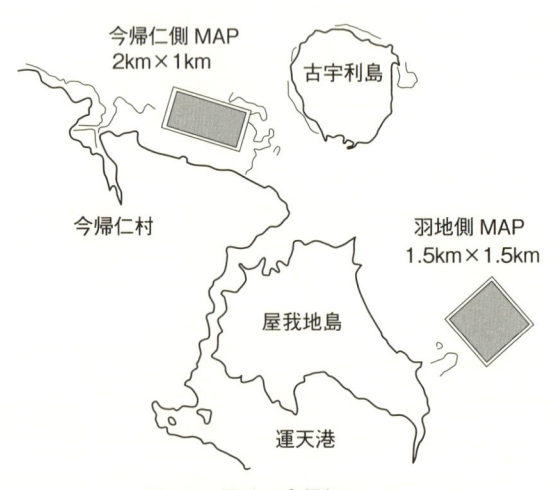

図 4-3　羽地・今帰仁の MPA

割になり，2歳魚+3歳魚の比率がかなり大きくなっている。

　移動性の強いフエフキダイ類のMPAは，対象種の生態を考慮して，主産卵期や若齢魚の多い期間を限定的に禁漁とした。貝類などの定着性資源の場合は，成熟するまでに必要な期間を考慮して，比較的長い期間の禁漁，永久設定，漁獲できる漁場を移す輪採性などで対処する必要があるだろう。多くの種を対象としたノーテイクMPAの期間を決めるのは難しい。ニューカレドニアでは，4年間禁漁にしたMPAを試験的に解禁したところ，2週間で魚類密度は設定前の水準に戻ってしまった（Ferraris *et al.* 2005）。

(3) 魚種限定

　フィジーでは，FLMMA（Fiji Locally Managed Marine Area）というネットワーク型のプロジェクトによりMPAを設定し，沿岸資源を管理する活動が2000年から進展している（鹿熊2005）。このうちベラタ地区では，干潟に24 haのMPAを設置しサルボウの仲間の二枚貝資源を管理していた。

　ここの資源管理で重要な点が2つある。1つはスピルオーバー効果が定量的に示されたことである。資源管理の結果，2年後にMPA内の二枚貝の生息密度は4倍，MPA外は2倍になった（Tawake 2003）。2つめは，管理効果のモニタリングを村落の人達が実施していることである。結果は，並行して実施された南太平洋大学の研究者による調査結果と比較され，統計的に両者に差がないことが確認されている（Tawake *et al.* 2001）。

　沖縄島北部の恩納村では，1988年に漁業者や漁協主体で定着性資源の自主管理計画が作成された。このなかで，タカセガイ，シャコガイ，サザエ，シラヒゲウニのMPAが設定された。また，タカセガイ，シャコガイの資源管理は栽培漁業と連携させて実施された。栽培漁業とは，陸上施設で人工種苗を大量生産し，これを海に放流して，大きく育ってから漁獲する漁業である。資源管理の結果シャコガイ類の漁獲量は増加した。特にMPA内に放流し，約4年後に漁獲されたシャコガイの漁獲量が増加した。

3）MPAの運営主体
(1) 政府主体のMPA

沖縄の石垣島には，水産資源保護法にもとづき農林水産大臣が指定し，沖縄県漁業調整規則で規定された保護水面が２つある（図4-4）。川平湾保護水面は1974年に指定され，面積は275 haで，シャコガイ類などの定着性資源が対象である。名蔵湾保護水面は1975年に指定され，面積は68 haで，全ての動植物が禁漁のノーテイクMPAである。

保護水面の第１の利点は，法整備が明確なため海上保安庁や警察が取締を実施できることである。欠点は，規則の変更に海区漁業調整委員会の決議が必要であり柔軟性を欠いていること，漁獲規制の同意を得る際に漁業者の話し合いが十分もたれなかったこと，効果的な取締には多額の経費がかかること等である。

沖縄県水産試験場八重山支場が保護水面の管理と調査を担当し，過去30年間の調査報告書をまとめている（鹿熊2006a）。川平湾ではシャコガイの生

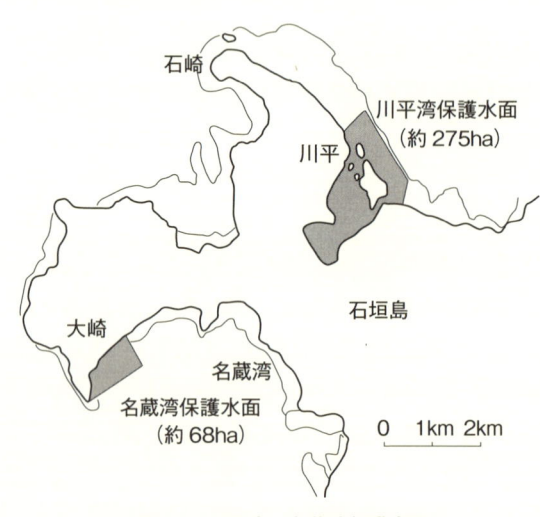

図4-4　川平湾・名蔵湾保護水面

息密度が保護水面外よりかなり高く，管理効果が認められる。また，保護水面の外にスピルオーバーした多くの小型貝が加入していた（久保ら 2004）。名蔵湾保護水面は，設定当時，漁業者の同意を得やすい位置として，あまり漁業がおこなわれていない浅海域の海草藻場が設定された。このため，水産資源の保護効果は限定的であると考えられる（太田・工藤 2006）。

　モーリシャスの沿岸資源管理は，政府のトップダウン的性格が強いことに特徴があり，MPA も政府主体で運営されていた（鹿熊 2006b）。モーリシャス漁業海洋資源法では，MPA は漁業保護区，海洋公園，海洋保全区に分けられる。漁業保護区は 2004 年時点では 6 か所指定されていた。ここでは，構造物の設置制限や汚染の防止の他，網漁業の禁止と釣りや篭漁の免許制が規定されている。海洋公園は 2 か所にあり，7 種類のゾーニングで管理されていた。海洋保全区はノーテイクであるが，2004 年時点では 1 つも設定されていなかった。

　FSM のポンペイでは，2006 年時点で 9 か所に MPA が設定されていた。ここもモーリシャスほどではないが，州政府のトップダウン的な管理が実施されていた。

(2) 共同管理の MPA

　熱帯亜熱帯では，政府主体の水産資源管理は不利な点が多いので（鹿熊 2004），より地域の住民参加が多い形態も検討しなければならない。だが，村落だけの管理による MPA も，村落の境界を越えて回遊する魚種の問題や，村落外の人達による密漁の問題[6]などがある。今後は，政府と村落の共同管理による MPA を増やしていく必要がある。

　共同管理 MPA における政府の役割は，科学的情報の提供，人工種苗の提供，人工魚礁の設置，普及員の派遣などが考えられる。地域の漁業者は重要対象種の産卵場を知っていることが多いので，村落主体の MPA では，この情報だけでも MPA の設定が可能なことがある。だが，対象種の成長，成熟，再生産，加入，移動などの科学的情報を政府が提供できれば，より効果的な MPA の設定が可能となる。また，このような情報は，対立が生じやすい同

じ魚種を対象とする複数業種間で，規制の同意を得るのに役立つことが多い。沖縄のクチナギやハマフエフキの資源管理はこの例である。

恩納村では，貝類人工種苗を政府が生産し漁協に提供した。サモアやフィジーでもシャコガイ類の人工種苗を政府が提供し，村落の漁業者がそれを地先のMPAに放流していた。政府による人工種苗の提供は，MPAの効果を高めるのに役立つだけでなく，資源管理を開始するきっかけ，漁民組織化へのインセンティブとなり，地域漁業者の資源管理意識の高揚にも役立つことになる。また，共同管理のMPAでは，村落の活動を持続させるために設定後の地方政府のフォローアップは重要である（Pollnac et al. 2001）。

(3) 研究機関主体のMPA

インドネシアのスペルモンド諸島では，爆弾漁・シアン化合物漁などの破壊的漁業が依然としておこなわれており，これがサンゴ礁生態系および沿岸水産資源に重大な影響を及ぼしていると考えられる。このため，沿岸資源の管理には，まず政府による破壊的漁業の取締を強化する必要があるが，これと同時に村落主体の資源管理も進めなければならない。だが，スペルモンド諸島では，政府と村落による共同管理の基盤は形成されていなかった。

このような状況のなかでも，MPAを管理ツールとする資源管理プロジェクトが3つの島で取り組まれていた。ハサヌディン大学が主導するもので，3島それぞれ2か所のMPAに，プロジェクト予算で金属製の境界ブイが設置されていた。

フィジーのFLMMAでも，南太平洋大学は政府水産局やNGOとともに主要なリード機関となっている。また，フィリピンでは，大学とともに国際研究機関や国際環境NGOが村落と連携してMPAを数多く設定している。これらの研究機関主体のMPAは，大型プロジェクト終了後の持続性にやや問題がある。MPAの運営を，村落や地方政府にうまく引き継いでいけるかが課題である（鹿熊 2004）。

6. おわりに

第4章では海外6か国・沖縄5地区におけるMPAの状況を整理した。その結果，MPAが熱帯亜熱帯における強力な管理ツールであることを確認した。だが，MPAという言葉でひとくくりにしているが，沿岸の場を管理するシステムは非常に多様である。例えば，ノーテイクか多目的利用か，政府主体か村落主体か，永久設定か期間限定かによってMPAの性格は大きく異なる。MPAの形態は，対象生物の生態，漁場の条件，漁業の実態などに応じて，極論すれば漁村ごとに異なることになる。

今後，MPAの面積を決める際には，生物多様性のためできるだけ大きくしようとする生態系優先の考え方と，操業区域を確保しようとする資源利用優先の考え方とのバランスをとらなければならない。また，エコツーリズムでMPAを利用する際には，漁村文化への影響を考慮しなければならない。このため，各漁村において流動場や対象生物の生態，漁撈の実態を調査し，その結果に基づきMPAの位置，面積，対象，期間を決定するべきである。だが，沖縄を含めアジア太平洋島嶼域ではこのような科学的知見は乏しい。調査研究を進めることと同時に，村落の人達の参加を得て，順応的にMPAを設定・改善していくべきだろう。そして，サンゴ礁資源を漁業で利用しながら，サンゴ礁と人類が共存していける資源利用型のMPAシステムを模索していかなければならない。

注：
1) MPAから幼魚・成魚が外に出ていくことをスピルオーバーとし，卵稚仔が外に出ていくことは加入またはシーディングと呼ぶこともあるが（中谷2004），本章ではすべてスピルオーバーとする。
2) 本章では，多くの人々がサンゴ礁のすぐ近くで，サンゴ礁の資源を利用しながら持続的に暮らしていく方法を「資源利用型」と呼ぶこととする。柳（2006）は，日本の里山のように，人間の手を加えたほうが生物多様性は高くなる事例をあげ，人間と沿岸の自然が共存する「里海」の考えを提唱している。里海も資源利用型の海との関わり方の一つである。
3) 第1の戦略は「持続的なサンゴ礁漁業を達成すること」である。持続的な漁業がサンゴ礁保全にとって重要である理由は，世界中で爆弾漁やシアン化合物漁によって直接サンゴ礁が破壊されているだけでなく，ウニや海藻などサンゴの競合生物を食べる魚を乱獲するこ

とで，間接的にサンゴ礁を荒廃させているためである．
4) Pollnac *et al*. (2001) は，フィリピン・ビサヤ南部の45の村落主体MPAを詳細に調査した．その結果，MPAの成否を決める要因として，人口（少ない方がよい），資源減少への危機感の有無，代替収入源プロジェクトの成否，意志決定プロセスへのコミュニティの参加，プロジェクト機関の継続的なアドバイス，地方政府の取組をあげている．
5) フエフキダイ類のMPAでは全漁法・全魚種禁漁となった．全魚種禁漁としたのは，MPA内で対象種以外の魚種を獲っているかどうかを見分けるのが困難なためである．
6) サモアでは，漁村ベースMPAの規則を，漁村条例（Village by-law）として政府が認定することにより，漁村外の人達による密漁に対抗している（Fa'asili and Kelekolo 1999）．

引用文献：

Cicin-Sain B and RW Knecht (Eds) 1998. *Integrated coastal and ocean management*, Island press, Washington DC, pp. 517.

Davis J (Ed) 2006. "US designates "world largest" MPA in Northwestern Hawaiian Islands" *MPA news* vol8, No1, pp. 1-2.

海老沢明彦 2000.「資源管理型漁業推進調査（ハマフエフキの資源管理）」『平成11年度沖縄県水産試験場事業報告書』，pp. 81-86.

Fa'asili U and I Kelekolo 1999. "The Use of Village By-laws in Marine Conservation and Fisheries Management" *SPC Traditional Marine Resource Management and Knowledge Information Bulletin* No11, September 1999, Noumea, Secretariat of the Pacific Community, pp. 7-10.

Felstead ML 2001. *Master Plan for Community Based Eco-tourism. Coastal Resource Management, Ulugan Bay, Palawan Island, The Philippines*, Vol II, UNESCO Jakarta Office.

Ferraris J, D Pelletier, M kulbicki, C Chauvet 2005. "Assessing the impact of removing reserve status on the Abore Reef fish assemblage in New Caledonia" *Marine Ecology Progress Series*, Vol292, pp. 271-286.

Fisheries Resource Management Project (FRMP) 2000. *Fisheries resource management project, Annual report 2000*, BFAR.

浜口尚 2002.「第6章南太平洋と捕鯨」『捕鯨文化論入門』，サイテック，pp. 71-83.

日高敏隆偏 2005.『生物多様性はなぜ大切か？』，地球研叢書，昭和堂，京都．

International Society for Reef Studies (ISRS) 2004. "Marine protected areas (MPAs) in management of coral reefs, Briefing paper for 10th International Coral Reef Symposium".

IUCN 1994. *Guidelines for Protected Area Management Categories*

加々美康彦 2006.「第6章海洋保護区―場所本位の海洋管理―」秋山昌廣・栗林忠男編『海の国際秩序と海洋政策』，東信堂，pp. 185-223.

鹿熊信一郎 2004.「フィリピンにおける沿岸水産資源共同管理の課題と対策―パナイ島バナテ・ネグロス島カディス・ミンダナオ島スリガオの事例―」『地域漁業研究』45 巻 1 号, pp.1-34.
鹿熊信一郎 2005.「フィジーにおける沿岸資源共同管理の課題と対策（その 1）―FLMMA と沿岸水産資源管理の状況―」『地域漁業研究』46 巻 1 号, pp.261-282.
鹿熊信一郎 2006a.「3-3 海洋保護区（MPA）調査―川平湾・名蔵湾保護水面調査報告書レビュー―」『平成 17 年度持続可能な漁業・観光利用調査（石西礁湖自然再生事業）』, 環境省自然環境局・（財）亜熱帯総合研究所, pp.52-55.
鹿熊信一郎 2006b.「モーリシャスにおける沿岸水産資源・生態系管理の課題と対策」『地域研究』2 号, 沖縄大学地域研究所, pp.223-236.
King M and U Fa'asili 1999. "A Network of Small, Community-owned Village Fish Reserves in Samoa" *SPC Traditional Marine Resource Management and Knowledge Information Bulletin* #11, pp.2-6.
久保弘文・岩井憲司・呉屋秀夫・竹内仙二 2004.「川平湾保護水面管理事業」『平成 14 年度沖縄県水産試験場事業報告書』, pp.208-212.
村井吉敬 1998.『サシとアジアと海世界』, 東京, コモンズ.
灘岡和夫・波利井佐紀・三井順・田村仁・花田岳・E Paringit・二瓶泰雄・藤井智史・佐藤健治・松岡建志・鹿熊信一郎・池間建晴・岩尾研二・高橋孝昭 2002.「小型漂流ブイ観測および幼生定着実験によるリーフ間広域サンゴ幼生供給過程の解明」『海岸工学論文集』49 巻, pp.366-370.
中谷誠治 2004.『自然環境保全における住民参加熱帯沿岸における海洋保護区を例に』, 国際協力機構国際協力総合研修所.
沖縄県農林水産部水産課 2004.『沖縄県漁業調整規則』.
太田格・工藤利洋 2006.「海洋保護区（MPA）に関する課題についての研究」『平成 17 年度亜熱帯島嶼域における統合的沿岸・流域・森林管理に関する研究報告書』, 亜熱帯総合研究所, 沖縄, pp.37-47.
Pollnac RB, BR Crawford and MLG Gorospe 2001. "Discovering factors that influence the success of community-based marine protected areas in the Visayas, Philippines" *Ocean and Coastal Management* 44, pp.683-710.
Polunin NVC and CM Roberts (Eds) 1996. *Reef Fisheries*, Chapman & Hall, London.
Russ GR and AC Alcala 1998. "Natural Fishing Experiments in Marine Reserves 1983-1993, Community and Tropic Responses" *Coral Reefs* 17, pp.393-397.
敷田麻美・横井謙典・小林崇亮 2001.「ダイビング中のサンゴ攪乱行動の分析, 沖縄県におけるダイバーのサンゴ礁への接触行為の分析」『日本沿岸域学会論文集』13, pp.105-114.
Sobel J and C Dahlgren 2004. *Marine reserves*, Island press, Washington, DC.
谷口洋基 2003.「座間味村におけるダイビングポイント閉鎖の効果と反省点」『み

どりいし』14号，財団法人熱帯海洋生態研究振興財団，pp. 16-19.
Tawake A 2003. *Human impacts on coastal fisheries in rural communities and their conservation approach*, University of South Pacific, Suva.
Tawake A, J Parks P Radikedike, B Aalbersberg, V Vuki, N Salafsky 2001. "Harvesting Clams and Data" *Conservation Biology in Practice*, Fall 2001/Vol2 No4, pp. 32-35.
Thaman RR 2005. "Status of pacific ocean atoll biodiversity, the "cool spots" under threat"『サンゴ礁島嶼系の生物多様性』, 琉球大学21世紀COEプログラム第1回国際シンポジウム, p. 15.
Wamtiez L, P Thollet and M Kulbicki 1997. "Effects of Marine Reserves on Coral Reef Fish Communities from Five Islands in New Caledonia" *Coral Reefs* 16, pp. 215-224.
Western Pacific Regional Fisheries Management Council (WPRFMC) 2006. "President's rules for NWHI, unfair to fishermen?" *Pacific Islands Fishery News*, Fall 2006, pp. 1-2.
World Bank 2006. *Scaling up marine management—The role of marine protected areas*.
柳哲雄 2006.『里海論』, 恒星社厚生閣, 東京

(鹿熊信一郎)

第5章　多面的機能を活かした水産業・漁村地域体験の状況と漁業者の社会的貢献

1. はじめに

近年,「水産業・漁村の多面的機能」が重視されており,「交流などの『場』」を利用して,体験漁業などの水産業・漁村地域体験が各地で行われてきている。2003年の『第11次漁業センサス』では,『10次漁業センサス』までにはなかった「漁業・漁村体験」の項目が初めて設けられている。

水産業・漁村地域体験について,筆者は,1990年代から「海のツーリズム」の重要なものとして取り上げ,主に大都市周辺の瀬戸内海や伊勢湾において,体験漁業を中心に調査研究をしており,地域の環境や資源を活かした体験漁業などが,問題もあるものの地域づくりなどに貢献していることを明らかにしてきた（磯部1995；2004）。

そこで本章では,水産業・漁村地域の多面的機能と水産業・漁村地域体験についてまとめ,水産業・漁村地域の多面的機能を活かした水産業・漁村地域体験の状況について,具体的な各地の事例の現地調査に基づき考察し,その効果や課題をまとめるとともに,漁業者の社会的貢献についても考察する。水産業・漁村地域体験の盛んな地域は,大都市周辺地域とともに,九州や沖縄などの大都市から離れた地域に多くみられるため,沖縄県を中心に,佐賀県と北海道などの事例を取り上げる。

2. 水産業・漁村地域の多面的機能と水産業・漁村地域体験

「水産業・漁村の多面的機能」とは,水産業・漁村の本来的機能である「食料資源を供給する役割」に加え,「自然環境を保全する役割」,「地域社会を形成し維持する役割」,「国民の生命財産を保全する役割」,「居住や交流などの『場』を提供する役割」があげられている（日本学術会議2004）。

「水産業・漁村の多面的機能」を水産業・漁村地域体験からみると,「居住や交流などの『場』を提供する役割」を利用して,本来的機能である「食料資源を供給する役割」とともに,「自然環境を保全する役割」,「地域社会を形成し維持する役割」などを体験することであると言える。「食料資源を供給する役割」については,海域における漁業の操業体験,漁村における産地市場や産直市などの体験,水産物の調理・加工体験などをすることができる。「自然環境を保全する役割」については,海ゴミ回収などの海域環境保全の体験や,海域環境や魚付林の体験などをすることができる。「地域社会を形成し維持する役割」については,漁村地域の風俗・文化の体験などをすることができる。

水産業・漁村地域体験においては,本来的機能を中心に水産業・漁村地域の多面的機能を有機的に結合させるとともに,漁村を「漁村地域」として把握することが重要である。本来的機能を行う漁業がなければ「漁村」とは言えず,水産業・漁村地域体験も水産業が成立していてこそ成り立つものであることは言うまでもない。しかし,とりわけ沿岸漁業は,海域環境とともに隣接する陸域の環境にも影響されるため,流入する河川流域や沿岸域などを考慮に入れることが大切である。また,漁業操業時の体験については荒天時には実施が困難であるため,代替案として漁村地域に存在する他産業の体験なども求められる。しかも,漁業だけを行う「純漁村」は少なく,漁業者が他産業を兼業している漁村や漁業以外の産業従事者がいる漁村が多い。このため「漁村」を「漁村地域」として捉えることが重要である。さらに,水産業には地域によって多様な漁法があり地域性が非常に強いだけに,水産業・漁村地域の多面的機能も地域性を踏まえることが重要である。

3. 全国の水産業・漁村地域体験の状況

2003年の『第11次漁業センサス』の「漁業・漁村体験」の項目によると,全国の全漁業地区2,177地区のうち「漁業体験」が行われた漁業地区は31.2%の680地区であり,「漁村体験」が行われたのは8.0%の174地区であ

る。ちなみに,海洋性レクリエーション施設の存在する漁業地区数の割合は,民宿が54.1%,海水浴場が42.6%,キャンプ場が24.6%,水産物直販店が16.8%,マリーナが15.4%,マリンスポーツ場が6.0%となっている。

　漁業体験の実施主体は,漁協が31.5%で最も多く,次いで市町村が27.7%,観光協会が7.3%,都道府県が5.9%で,漁村体験の実施主体は,市町村が36.3%で最も多く,次いで漁協が20.3%,観光協会が11.4%,都道府県が5.0%であり,漁業・漁村体験は主に,地域の漁協や市町村によって行われている。

　漁業・漁村体験開催回数を都道府県別にみると,漁業体験は千葉県や福井県,長崎県など,漁村体験は和歌山県などが多く,漁業・漁村体験は,千葉県などの大都市周辺地域や,長崎県などの九州や沖縄などで多く行われており,大都市からの利便性の高い大都市周辺地域と,暖かい九州や沖縄などで多く,地理的な地域性が重要な成立条件となっている。

表5-1　漁業・漁村体験開催回数の多い府県の漁業・漁村体験開催回数

漁業体験開催回数		漁村体験開催回数	
全国	5027回	全国	1655回
千葉県	600	和歌山県	408
福井県	420	長崎県	284
長崎県	382	石川県	167
神奈川県	284	新潟県	130
愛知県	272	静岡県	124
兵庫県	253	高知県	71
佐賀県	238	茨城県	66
沖縄県	199	徳島県	53
京都府	199	沖縄県	51

出所)2003年『第11次漁業センサス』より作成

4. 沖縄県における水産業・漁村地域体験の状況

1)沖縄県における水産業・漁村地域体験の概況

『第11次漁業センサス』によると,沖縄県の漁業体験開催回数は199回で

全国8位であり，漁村体験開催回数は51回で全国9位である．漁業体験開催回数を漁業地区でみても，沖縄本島の読谷村と恩納村がともに50回で全国12位であり，沖縄本島の石川市（現うるま市）や東村，本部町，伊江島や宮古の伊良部町（現宮古島市）などでも多い．

表5-2　漁業・漁村体験開催回数の多い沖縄県の漁業地区の漁業・漁村体験開催回数（2003年）

漁業体験開催回数		漁村体験開催回数	
恩納村	50	恩納村	20
読谷村	50	渡嘉敷村	7
伊江村	20	読谷村	6
伊良部町	16	具志川村	3
具志頭村	12	東村	2
石川市	10	金武町	2
東村	8		
伊是名村	8		
本部町	7		
伊平屋村	6		

注：なお当時の沖縄県の漁業地区は，1市町村1地区であったため，市町村名で記している．
出所）2003年『第11次漁業センサス』より作成

　「観光立県」を目指す沖縄県では，近年，積極的に水産業・漁村地域体験を推進している．沖縄県水産課は，「漁村活性化推進事業」で，都市漁村交流を促進するために漁業体験などを推進しており，2003年度から，読谷地区や宮古地区，八重山地区などで事業を実施している（沖縄県水産課2006）．内閣府沖縄総合事務局は，2003年に「子ども農林漁業体験ネットワーク」を立ち上げ，農業中心であるが，パンフレットを沖縄県内に配布している．
　2006年の内閣府沖縄総合事務局の「漁業体験リスト」では，読谷村漁協の「定置網体験」や「魚のさばき方，料理体験」，恩納村商工会の「釣り体験」，東村の「東村ブルーツーリズム協会」の「釣り体験」や「追い込み漁」，石川市（現うるま市）・宜野座村「海人漁業体験」，本部町の「体験釣り」，具志頭村の「体験釣り」，伊良部町の「追い込み漁体験」，「鰹節，なまり節加工体験」，

石垣島の「サバニクルージング」などをあげている。また，2006年沖縄県・沖縄観光コンベンションビューロー発行の『修学旅行のしおり，見る・学ぶ・体験する沖縄』に掲載している漁業体験は，読谷村にある「体験王国むら咲むら」の「海人体験」，恩納村商工会の「船釣り」，恩納村にある「沖縄体験学習研究会ニライカナイ」の「海人体験」，東村の「東村観光推進協議会」の「釣り体験教室」や「近海フィッシング」，久米島の「島の学校」の「体験漁業（追い込み・刺し網体験）」などである。

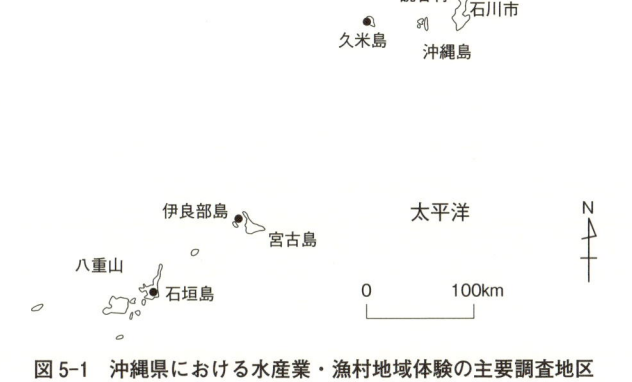

図5-1 沖縄県における水産業・漁村地域体験の主要調査地区

2）読谷村における水産業・漁村地域体験

 沖縄本島中部で東シナ海に面する読谷村では，漁業の中心である読谷村漁協自営の大型定置網による体験漁業を1980年代末頃から想定していった。それは，漁協の組合長などが，漁業の基本は漁労であるが，沿岸漁業の衰退のために体験漁業の導入を考えたものである（沖縄地域ネットワーク1994）。また，沖縄県水産課の「漁村活性化推進事業」として，2003年度には，読谷村が事業主体となり，134万円で，「親子定置網体験漁業」，「親子おさかな料

理体験」などを行い，2004年度には，沖縄県が事業主体で読谷村に委託して，139万円で，「養殖モズクの収穫体験」，「魚の捌き方教室」，「ミーカガン（水中メガネ）」などの「漁具の作り方教室」を行った。それは，漁獲減や魚価低迷の中で，海への関心の向上や魚食普及を目指したものである。

「大型定置網体験」は1999年度から行われ，漁業者の他に12名が乗船可能な19tの漁船で大型定置網の操業を見学し，船上で漁獲物を刺身で食べるもので，所要時間は約2時間半であり，料金は大人2,000円，小中学生1,000円で，県外の家族連れを中心に年に200〜500人が体験している。「アンブシ漁体験」は，サンゴ礁に設置した小型定置網を体験するもので，「魚の捌き方教室」はアンブシ漁の漁獲物の調理体験を行い，体験料は一人500〜1,000円で，5名の漁業者が指導し，2005年には那覇市の小学校の修学旅行など700〜800名が体験している。「モズク採り体験」は，砂浜に引き寄せたモズク養殖網で行い，4名の漁業者が指導し，一人500円の料金で，2004年度は那覇市の小学校4校や地元の親子連れが体験している。「漁具作り体験」は木製の水中メガネを製作するもので，製作技術をもつ漁業者が指導し，2004年度は地元の小学生90人が体験している[1]。

読谷村内では，地元の商工会員や村役場などが出資する琉球体験王国「むら咲むら」でも漁業体験などが行われている。生活文化体験や伝統工芸体験などの体験メニューがあり，「磯釣り体験」と「沖釣り体験」の「海人体験」が，マリン体験の中で行われている。「海人体験」は，沖縄の釣り雑誌社「月刊海族」が読谷村の海岸で行っている。「むら咲むら」の入園者は，2000年度の3万人から2005年度の16万人に増加しており，2005年度の体験者数は8万人で，そのうちマリン体験は9.4%である[2]。

3）恩納村における水産業・漁村体験

恩納村は，読谷村の北にあり，那覇から約1時間の時間距離で，東シナ海に面し，多くのリゾートホテルが立地している。恩納村では，恩納村商工会や恩納村漁協などが連携して1995年度から「ふれあい体験学習」を行ってお

り，陸上を含めた多種類の体験メニューがあり，村内のリゾートホテルなどに宿泊する修学旅行生などが体験をしている。「ふれあい体験学習」の受け入れ窓口は恩納村商工会で，2004年度の体験学習の指導者は137人，その内訳は，恩納村の青年会が40人，老人会が35人，恩納村漁協が20人などであり，体験者数は，1995年度は2校117名であったが，2004年度は225校20,685人に増加している。そのうち恩納村漁協の受け入れは，「船釣り」が704人，「ハーリー漕ぎ」が327人であり，釣り愛好会の受け入れる「浜釣り」が719人などとなっている[3]。恩納村漁協では，体験漁業は多大の漁獲努力を要しないため漁場を休めることになり，体験者の対応を行うことで漁業者の人間性の向上にも繋がると言われている[4]。

恩納村内には，1998年に東京からの移住者が設立した有限会社の沖縄体験学習研究会「ニライカナイ」があり，農業，生活，文化，自然，海人などの体験が行われている。「ニライカナイ」の「海人体験」は，恩納村漁協による「船釣り」とともに，沖縄本島の東海岸の石川市漁協による，釣った魚のさばき教室もある「船釣り」，モズク漁視察やモズクの選別をする「もずく」，「刺し網漁業」，「ハーリー競漕」，それに「月刊海族」による「魚釣り」などであり，体験料金は2,800円～7,000円程度である。「ニライカナイ」の修学旅行受入数は，1998年度は12校1,078人であったが，2004年度は39都道府県から590校74,581人である。そのうち農業体験が38.4%で最も多く，次いで海を中心とした自然体験が36.0%であり，自然体験に含まれる「魚釣り（投げ＋船）」は5.4%の3,995人である。2005年度には，修学旅行を610校81,586人受け入れており，そのうち恩納村漁協の「船釣り」は8校189人であり，石川市漁協は29校772人で，「船釣り」が546人，「ハーリー競漕」が125人，「刺し網漁業」が67人，「もずく」が34人である[5]。

4）東村における水産業・漁村体験

沖縄本島北東部にあり太平洋に面する東村では，東村エコツーリズム協会と東村グリーンツーリズム協会，東村ブルーツーリズム協会が加盟する「東

村観光推進協議会」によって，自然体験，農業体験，漁業体験が行われている。ブルーツーリズム協会の漁業体験には「釣り体験コース」，「やんばるの海遊び」，「フィシング」，「追い込み漁」などがある。「釣り体験コース」の「磯（防波堤）釣り体験」は，所要時間約3時間料金は1人2,500円で，他に「リーフ釣り」や，「パヤオ」，「近海」，「深場」，「小型船近海」の「フィシング」がある。これらの漁業体験は，50歳代の漁師3名と農民や土木業者などが，3隻の漁船と遊漁船約10隻を利用して実施している。東村には本土からの修学旅行生が来ており，1998年度は1校50人であったが，その後急増して，2004年度では280校約15,000人になっており，中学生は4, 5, 6月，高校生は秋が多く，農家に民泊もしてエコツーリズムのカヌー体験などをしている。漁業体験では100～200名が「磯釣り体験」などをしている[6]。

5）本部町における水産業・漁村地域体験

沖縄本島北部の東シナ海に面した本部町では，12名の本部漁協栽培漁業生産部会が，マダイなどの養殖魚の魚価が下落したため，魚類養殖海域であるサンゴ礁の礁湖に，体験型の観光を目指して，1996年から約5,000万円で「釣りイカダ」6基を設置し，天然の魚を釣るようにしている。この海域は沖縄本島の西海岸にあるが，本部半島が北西季節風を遮るため，年間に約280日営業しており，夜釣りも行っている。「釣りイカダ」には近年では年間約4,000人の釣り人が来ており，その8割が沖縄県内からで，釣り人一人当たり平均単価は2,500円で，年間約1,000万円の収入になっている。本土からの高校の修学旅行も年間4, 5校が来ていて，毎年来る学校もあり，半日ほど釣り体験を行っている[7]。

6）宮古地区における水産業・漁村地域体験

宮古島の西部にある伊良部島では，伊良部町漁協の協力で，地元の中学生が毎年学校行事として夏休み前に無料で漁業体験を行っている。男子は，3年生がパヤオで「カツオ一本釣り」，2年生が「追い込み漁」，1年生が「磯釣

り」を行っている。女子は，鰹節加工や魚の調理体験をしている。2003年までは，毎年，宮古島の高校生約50名が伊良部島宿泊し，伊良部町漁協の協力で無料で漁業体験を行っていた。男子は「カツオ一本釣り体験」，女子は鰹節工場で「鰹節の加工体験」をしていた。2004年には農水省の職員研修が「パヤオ釣り体験」や「追い込み漁体験」などをしている。

伊良部島ではまた，伊良部島のペンションなどが伊良部町漁協の漁業者と協力して，「パヤオ釣り体験」，「グルクン釣り体験」，「磯釣り体験」，「追い込み漁体験」などを行っている。「パヤオ釣り体験」は，漁協で24隻あるパヤオ釣船のうち，年収500万円～600万円の40歳代2人，50歳代1人所有の3隻の船が年間に20回以上行い本土や沖縄本島から大人が数百人来ている。1隻の料金が6万円で，燃料費は5千円～1万円である[8]。

伊良部町漁協では，まだ漁業でやっていけるものの，漁業者の高齢化のため「パヤオ漁業と観光漁業との結びつきを図る」（伊良部町漁協2005）として観光漁業の推進を考えている。ただ，客の対応が難しいとも言われている[9]。

宮古島でも，北部の狩俣などで地元の中学生が「総合的な学習」として，追い込み漁やモズク養殖の体験を地元の漁業者の指導で行っている。また三線の発表会に東京から集まる人が追い込み漁を体験しており，広島県の私立高校の男子生徒は，修学旅行でパヤオ釣り体験をしている[10]。

7）八重山地区における水産業・漁村地域体験

八重山地区では，漁業やプレジャーボートからの釣りなどによる乱獲，赤土流出による汚染により，漁獲量が減少しているため，八重山漁協の漁業者有志は，「船釣り・トローリング」，「体験漁業・シュノーケリング」，「ダイビング」の観光漁業部会を結成している[11]。

体験漁業の「海人体験サバニクルーズ」は，小型定置網漁業やカゴ網漁業，魚類養殖などを営む観光漁業部会に属する一人の漁業者が2000年に始めたものである。年に1,500万円あった漁獲高が800万円にまで減少したため，魚価の安い7月～9月を休漁して「魚を獲らない漁業」を目指している。沖

縄の伝統的な漁船のサバニに最大5名の体験者を乗せ，サンゴ礁の礁湖で行うカゴ網漁業の操業を体験するとともにサンゴ礁の海を観察する。料金は大人一人6,000円，子ども一人5,000円で，1日2回実施している。既存の漁船であるサバニを使用し，過剰な設備投資は必要でなく，低コストで実践でき，禁漁期間中でも一定の収入があるうえ，漁獲量は1日3kg程度あればよいため，資源管理にも役立っている。体験者は家族連れが多く，修学旅行もあり，2000年は250人であったが，2002年には470人に増加した。ただ，その後は悪天候や家族連れの減少のため減少しており，2005年は212人である。このため，2005年からは「サバニクルーズ」は夏休み期間中だけ行い，それ以外はカゴ網漁を中心に営んでいる[12]。

　また，観光漁業部会の漁業者が2004年から「海業（うみわざ）観光」を5tの漁船で行っている。1990年代中頃までは深海一本釣りによるソデイカ漁などが好調であったが，その後は漁獲量が減少したため始めたもので，シュノーケリングや釣り体験ができる「海水浴・ファミリー」，「沖釣り・ファミリー」，「パヤオ釣り」のコースがあり，料金はそれぞれ4万円，5万円，5万5千円で，所要時間は7.5時間である。2004年は35件，2005年は100件以上の利用があり，そのうち「パヤオ釣り」が8割を占めていて，本土からの客が7割，地元が3割であり，40, 50歳代の男性が多く，海水浴などはわずかである[13]。

8）久米島における水産業・漁業地域体験

　沖縄本島の西約100kmにある久米島では，久米島空港の滑走路が1997年に延長されて150人乗りの飛行機が利用できるようになり，1998年には体験滞在型観光を行う「島の学校＠久米島」がスタートしている。「島の学校」のプログラムは「海洋生物観察」や「自然海岸散策」，「体験漁業」や「体験農業」，「沖縄料理教室」，「平和学習」などで，2006年度の年間収入は18百万円である。「島の学校」の「体験漁業」の「追い込み漁」は，島の北西部のリーフに囲まれた浅瀬で，大潮の満潮を狙って漁業者が仕掛けた長さ約300mの

刺網に，翌日の干潮時に魚を追い込むもので，小学校の修学旅行生などが体験している。体験料金は1人2,625円で，2005年は2校143人が，2006年は1校36人が体験している[14]。久米島には2006年度で27校5,000人以上の修学旅行生が来ており，小学校9校は沖縄本島から，中学校3校と高校15校は本土からであり，体験などを行っている。

また，久米島漁協では1998年頃から漁協のセリ市の見学を実施している。セリ市は月～土曜日の午前10時から約30分行うもので，小学校の修学旅行はほとんど見学しており，高校の修学旅行や団体も見学している。一般客の見学も年に100件程度ある。沖縄の魚は熱帯性でカラフルなため喜ばれている。さらに産業祭りなどでは漁協が養殖した「クルマエビのつかみ取り」を小学生が行っている。久米島漁協では「パヤオ釣り」や島周りでの「グルクン釣り」などを行っており，漁船にはトイレもあり家族連れも来ている[15]。

5. 佐賀県における水産業・漁村地域体験の状況

1) 佐賀県における水産業・漁村地域体験の概況

『第11次漁業センサス』によると，佐賀県の漁業体験回数は238回で，そのうち鹿島市七浦が170回で圧倒的に多く，次いで浜玉町（現，唐津市）浜玉が42回，唐津市満島が10回などとなっており，漁業体験は七浦と浜玉に集中している。特に七浦の漁業地区別の体験回数は全国第3位である。

2) 鹿島市七浦における水産業・漁村地域体験

鹿島市七浦は有明海に面しており，2004年の人口は3,666人，世帯数は1,002で，農家戸数は2000年で503戸である。漁業経営体は2003年では82で，77がノリ養殖業であり，小型底曳網や採貝，刺網などもある。七浦の水揚金額748百万円で，ノリ養殖業が94.7％を占めている（『第11次漁業センサス』）。

七浦の地先には有明海の広大な軟泥干潟があり，1985年より「ガタリンピック」を開催している。1986年には地域振興のために七浦地区の全戸が加

入する「七浦地区振興会」を結成し，1991年には，国道沿いの海浜スポーツ公園にレストハウスを自主経営するために1株5万円で300人以上の地区民が1,375万円を出資して株式会社「七浦」を設立し，「干潟体験」や「鹿島市干潟物産館」，「干潟レストラン」，「直売市」などを経営している。株式会社「七浦」の社員は15名で，そのうち常勤が6名，2004年度の売り上げは計216百万円で，そのうち，七浦の産物などを直売する「千菜市」が135百万円で最も多く，「鹿島市干潟物産館」が42百万円，「干潟レストラン」が21百万円であり，「干潟体験」は13百万円である。

　七浦の「干潟体験」は1992年から行っており，1994年より「七浦地区振興会」で受付けをしていて，「潟スキー」や「潟上綱引き」などの「ミニ・ガタリンピック」を行い，「干潟環境教室」やムツゴロウを獲る「ムツカケ」の見学も行われている。「干潟体験」は，ノリ養殖業を行わない4～10月に実施している。夏の干潟ではワラスボ漁や「ムツカケ」，アカガイ養殖などを行っているが，「干潟体験」は沿岸から30m以内で行うため漁業とのトラブルは発生していない。「ミニ・ガタリンピック」の所要時間は2時間，「干潟環境教室」は1時間で，料金は30名以上の団体では一人当たり，修学旅行生は1,365円，一般団体は1,575円，30名未満は一団体45,000円，個人は2,100円，「干潟環境教室」のみは840円である。七浦の「干潟体験」の体験者数は，2004年度では15,941人であり，団体が88.0％で，団体のうち中学校が51.4％，小学校が32.5％である。以前は関西が多かったが，九州が中心となってきており，2005年度では九州からが57.8％で，そのうち佐賀県が26.9％，福岡県が21.4％を占めており，関西は12.4％，中国地方が8.4％で，東京からも来ている。

　七浦の「干潟体験」の課題としては，七浦には宿泊施設がなく，宿泊は佐世保のハウステンボスなどのため，地区内に宿泊施設が求められること，「ムツカケ」を行う人は1975年頃には鹿島市内で20人いたが2005年現在では5人であり，現在「干潟体験」は70歳の人が行っており，技の伝承が必要なこと，将来は「干潟体験」で年2万人を目標にしており，そのためには潮満時

の体験メニューとして「櫓漕ぎ」なども計画する必要があること，などがあげられている[15]。

3）浜玉町における水産業・漁村地域体験

浜玉町では，唐津湾に面する「虹の松原」の砂浜で「地曳網体験」が行われている。それは，佐賀県の観光は通過型であるため，旅行会社や地元の観光協会，漁協が計画したものである。「地曳網体験」は，浜玉町にある正組合員22名の浜崎漁協の刺網や釣りを行っている2名の漁業者が実施しており，体験時間は1網2～3時間で，費用は4万円であり，修学旅行や子供クラブ，大学の国際交流，会社の慰安旅行などが体験している。修学旅行は，浜玉の2旅館に一人1泊6,500～8,500円で宿泊して「地曳網体験」を主にしており，2005年では，小学校を中心に約35校，約1,600人が体験している。修学旅行は広島県と山口県から来るのが中心であり，修学旅行の距離制限により長崎県に行くことができないため浜玉に来ている。「地曳網体験」は他にも約10件行われており，子供クラブは佐賀県や福岡県から来ている。また，地元の中学生が組合自営のクルマエビ養殖場で出荷の職場体験をしている[16]。

6. 北海道における水産業・漁村地域体験

北海道東部の根室海峡に面した人口約6,000人の標津町は，「産業と歴史，生活や遊と食をテーマにした感動体験」が行われている。標津町は秋サケの水揚げが日本一であり，1995年に町内を流れる忠類川でサケの余剰資源を利用した「サーモンフィッシング」を始め，2000年には「地域ハサップ体験・モニターツアー」を始めている。2001年には「標津町エコツーリズム交流推進協議会」を設立し，行政や漁協，農協，観光協会，商工会，旅館組合など18団体が加盟しており，漁業をはじめ，農業，海や河川，森林や山岳などの29種類の体験プログラムがあり，体験ガイドを行う「標津町ガイド協会」には2005年で87人が登録している。

「感動体験」のうち水産業・漁村地域体験は，「鮭網起こし見学・体験」，「鮭

荷揚げ見学ツアー」,「忠類川サーモンフィッシング」,「イクラ作り体験」,「新巻鮭づくり体験」,「鮭のちゃんちゃん焼き作り体験」,「三平汁作り体験（鮭料理体験)」,「ホタテ貝釣りと貝むき体験」,「ホタテ荷揚げ見学」,「ホタテ料理体験」,「根室海峡船釣り体験」などである。「鮭荷揚げ見学ツアー」の実施は 8 月〜10 月，時間は 1 時間，人員は 3 名以上で料金は一人 500 円であり,「新巻鮭づくり体験」の実施は 8 月〜10 月，時間は 2 時間，人員は 10 名以上で料金は 3,400 円からである。また,「ホタテ貝釣りと貝むき体験」の実施は 4 月〜7 月で，時間は 1 時間半，人員は 20 名以上で料金は一人 2,300 円である。

標津町の「感動体験」は急速に発展しており，体験者数は 2001 年度には 118 人であったが，2005 年度には 8,926 人に増加している。体験などを行うために標津町を訪れる修学旅行は関東や関西などから来ており，2001 年度の 45 人から 2005 年度には 1,117 人に増加している。また,「忠類川サーモンフィッシング」は毎年 3,000 人台の人が行っている[17]。

7. 水産業・漁村地域の多面的機能からみた水産業・漁村地域体験

水産業・漁村地域体験が行われている水産業・漁村地域の多面的機能の「居住や交流などの『場』を提供する役割」の「場」とは，沖縄県では，サンゴ礁や，パヤオのある亜熱帯の海や漁村地域であり，佐賀県では有明海の干潟や「虹の松原」の砂浜，北海道ではサケを荷揚げする漁港などである。

水産業・漁村地域体験では，本来的機能である「食料資源を供給する役割」のために行う漁業操業などの漁業体験が多い。沖縄県では，読谷村の「大型定置網漁」や「アンブシ漁」や「モズク採り」，恩納村の「釣り」，石川市の「釣り」や「刺し網漁」，東村の「釣り」や「追い込み漁」，「パヤオ釣り」，本部町の「筏釣り」，宮古地区の「追い込み漁」や「パヤオ釣り」，「グルクン釣り」，八重山地区の「カゴ網漁」や「パヤオ釣り」，久米島の「追い込み漁」や「パヤオ釣り」などである。佐賀県では，七浦の有明海での「ムツカケ」や，浜玉の「地曳網」などであり，北海道標津町では「鮭網起こし」などで

ある。これらの漁業体験は地域の漁業や漁法に基づいており地域性が強い。また，海岸線の長い沖縄本島ではサンゴ礁や沿岸における漁業体験が多いが，宮古地区や八重山地区，久米島などの離島では，沖合での「パヤオ釣り」なども多くなっている。漁獲後の体験もあり，久米島では漁協の「セリ市見学」が行われている。漁獲物の調理・加工体験も，読谷村の魚の「捌き方教室」や伊良部島の「鰹節加工」，北海道の「新巻鮭づくり体験」などが行われている。これらの体験漁業は，地域の漁協や漁業者などが実施しているのである。

多面的機能の「地域社会を形成し維持する役割」を活用した漁村地域体験としては，沖縄県では，琉球文化や農業の体験，北海道では「流木アート作り」や酪農の体験などがある。読谷村の「漁具づくり」などは，製作技術をもった漁業者が行っているが，主に，地域の商工会や観光推進協議会，それに「むら咲むら」や「ニライカナイ」などの会社が中心となって地域の農家などと協力して行っている。多面的機能の「自然環境を保全する役割」では，八重山地区のサンゴ礁観察を含めた「サバニクルーズ」や七浦の有明海の「干潟体験学習」など，漁村地域の自然環境を活かした体験が行われている。

8. 水産業・漁村地域体験の効果

水産業・漁村地域体験は，まだ十分とは言えない場合も多いが一定の効果をあげている。

水産業・漁村地域の多面的機能を活かした水産業・漁村地域体験の効果としては，第1に，体験漁業は，八重山地区の「サバニクルーズ」などにみられるように少量の漁獲でも成立するため，過度の漁獲努力や乱獲を回避することができ，漁業資源の保護に役立つことである。もちろん，水産業においては，本来的機能の「食料資源を供給する役割」を果たすために漁獲努力がなされなければならないことは言うまでもない。しかし，漁業資源の減少や，輸入魚などによる魚価低迷のため，過度の漁獲努力が乱獲を招いている漁業の状況の中で，体験漁業が乱獲などを防ぐ効果をあげているのである。

第2の効果は，水産業・漁村地域体験は，年に数十万円程度の収入である

場合もあるものの，漁業の操業や魚の調理体験などをすることによって，水産業や漁村地域に付加価値をつけていることである。しかもその体験時間は数時間程度が多く，漁労時間などに比べ短時間である。佐賀県七浦で「干潟体験」によって年に13百万円の収入をあげているように，かなりの体験料収入などが水産業や漁村地域にもたらされているものもある。

　第3の効果は，水産業・漁村地域体験における体験時間は数時間であるが，産直市などでの買物などよりは滞在時間が長く，とりわけ大都市から離れた離島などの地域では，体験者が地域内に宿泊することなどにより地域振興に寄与していることである。

　第4の効果は，水産業・漁村地域体験は，恩納村漁協組合長の話にみられるように，体験者と交流，対応することによって，漁業者の人間性の向上に繋がっていることである。

　第5の効果は，水産業・漁村地域体験を行うことによって，読谷村が目指しているように，体験者の水産業や海域環境などを含む漁村地域への関心の向上や，魚食文化の普及などに役立っていくことである。

9. 水産業・漁村地域体験の課題

　水産業・漁村地域体験は水産業や漁村地域がなければ成り立たないため，水産業・漁村地域体験の第一の課題は，地域の水産業を守り発展させることである。それは，漁業資源を保護するとともに沖縄県の「追い込み漁」やモズク養殖，伝統的漁船の「サバニ」，佐賀県の「ムツカケ」，北海道のサケ漁などの地域の特色のある漁業や漁法を守ることである。そして，漁業体験のメニューに，それらの地域の漁法などを活かすことである。

　第2の課題は，水産業が成立する海域の漁場環境を保全することである。沖縄県ではサンゴ礁などの保全をすること，佐賀県の有明海では干潟などの保全をすることである。そのためには，海の埋立てや干拓の防止，それに，赤土流入の防止など，流入する河川流域を含めた保全が求められる。そして，漁村地域体験のメニュー開発にあたっては，これらの地域の環境を活かすこ

とが必要である。

　第3の課題は，大都市から離れた地域においては，とりわけ体験者の多い大都市などからの距離や時間距離を考慮することである。公立学校の修学旅行では旅行期間や旅行費用に制限がある。例えば東京都の高校は費用の関係で沖縄本島から久米島などの離島に行くことはできない。沖縄県の小学校の修学旅行先は沖縄県内である。また沖縄県の離島などでは交通アクセス条件による時間距離が重要な要素となる。空港が整備される中で久米島などにも修学旅行生が行くようになっているのである。

　第4の課題は，水産業・漁村地域体験では海域利用が多いため，地域性や季節性を考慮することである。沖縄県は，亜熱帯性気候のためほぼ周年で水産業・漁村地域体験が可能ではあるが，モズクの収穫期が冬から春であるように漁業には季節性があり，沖縄への修学旅行は，高校が秋に多く，中学校が初夏に多いように観光にも季節性がある。沖縄県でも冬の北西季節風の影響はあるが，北海道のような寒冷地域や日本海側の北西季節風の強い地域では冬の漁業体験は困難である。

　第5の課題は，漁業体験は，漁船の定員や漁場環境保全のため，大人数が一度に体験することは困難であり，荒天時の代替案も必要であるため，漁村地域の景観，風俗，文化などを保全し，農業などの産業も振興して，漁村地域の産業や文化などを活かした多種類の体験メニューを作成することである。「ニライカナイ」のような多種類の体験メニューをもった会社などが体験者数を増加させているだけに，恩納村や東村，佐賀県七浦のように，地域住民をはじめ，漁協や自治体，商工会などが連携していくことが必要である。

　第6の課題は，地域住民，とりわけ地域の子ども達の水産業・漁村地域体験を重視することである。観光は地域外からの集客を求めがちだが，近年「総合学習」などで地域学習が推進される中で，読谷村や伊良部島のように地域の子どもが水産業・漁村地域体験を行うことが求められているのである。

　第7の課題は，体験漁業などを行う漁業者などの人材の育成である。漁業者の高齢化が進み後継者不足などもあるうえ，漁業者にとって客の対応が難

しいということもあるが，恩納村漁協のように，体験漁業が人材を育成するという観点をもつことが重要である。

10. 水産業・漁村地域体験と漁業者の社会的貢献

　漁業者は，水産業・漁村の本来的機能である「食料資源を供給する役割」によって，人々に貴重な動物性タンパク質などの水産物を供給する重要な社会的貢献をするとともに，水産業・漁村の多面的機能である「自然環境を保全する役割」，「地域社会を形成し維持する役割」，「国民の生命財産を保全する役割」，「居住や交流などの『場』を提供する役割」によっても社会的貢献をしている。

　なかでも，「国民の生命財産を保全する役割」である海域での海難救助や，「自然環境を保全する役割」である海底に沈積した海底ゴミの小型機船底曳網漁業などによる回収は，海域環境を熟知した漁業者が行うことができる非常に重要な社会的貢献である。海底ゴミの回収は海底の漁場環境を改善するものではあるが，海底ゴミは陸上からの流入したポリ袋などの石油化学製品などが多く，漁業系のゴミは非常に少ないにもかかわらず，「海の日」を中心に漁業者が海底ゴミを回収している。岡山県などでは，小型底曳網漁業などの漁業者が，日常的な漁業の操業時に混獲した海底ゴミを回収しており，漁業者が重要な社会的貢献をしているのである（磯部 2008）。

　海難救助にしても，海底ゴミの回収にしても，その海域環境を熟知していなければできないものであり，全国津々浦々それぞれの地域に漁村が成立しているからこそ行えるもので，「地域社会を形成し維持する役割」があってこそできる社会的貢献であるといえる。

　とりわけ，水産業・漁村地域体験は，漁業者にとって非常に重要な社会的貢献である。水産業・漁村地域体験は，漁業者にとっては体験漁業などを行い，それによって収入を得るものであるが，漁業者は海域環境や水産業などについて体験者に説明をしており，体験者にとっては漁業体験などをすることによって，海域環境や水産業などについて漁業者から学ぶことになる。こ

のため，水産業・漁村地域体験は，教育的に重要な社会的貢献を漁業者が行っていると言える。現に，沖縄県や佐賀県などの水産業・漁村地域体験を行っている所には，多くの修学旅行生が来ているのである。現在では，子どもだけでなく，多くの人々が海や水産業から遠ざけられており，海や水産業のことを理解しにくくなっているだけに，水産業・漁村地域体験による漁業者の社会的貢献は重要である。しかも，水産業・漁村地域体験の内容は，海域環境のような自然的なものから，漁労技術や水産物の調理や加工の方法のような技術的なもの，漁村地域の風俗や文化，産地市場や産直市などの人文・社会的なものまで多岐にわたっているのである。

　沖縄県では，サンゴ礁の海で行われている「追い込み漁」や「サバニ」による「カゴ網漁」などの漁法とともに，サンゴ礁の海の状況や，「魚の捌き方」，「漁具作り」，「鰹節加工」などの水産加工などの指導を漁業者がしている。佐賀県の有明海の干潟では，「干潟体験」とともに「干潟観察学習」などが行われており，北海道では，「イクラづくり」や「新巻鮭づくり」などが行われている。また，岡山県浅口市では，まだ試行的ではあるもの，水島灘での小型底曳網漁業による海底ゴミの回収を行う体験環境学習が，水島地域環境再生財団などの協力で行われている。水産業・漁村地域体験では，体験漁業などを行う漁業者が，多岐にわたる分野のすべてを網羅することは難しい時もあり，他の専門家などの協力も得て行うこともなされている。

11. おわりに

　水産業・漁村地域体験は，沖縄県の恩納村や東村，佐賀県の七浦などのように地域振興のために積極的に取り組んでいる例もあるが，沖縄県の八重山地区や本部町のように，漁獲量減少や魚価低迷のための対策として体験漁業などを導入している例も多い。水産業・漁村地域体験は，まだ不十分な点もあるものの，一定の効果をあげており，漁業者の社会的な貢献になるだけに，水産業・漁村地域の多面的機能を活用して水産業・漁村地域体験を行うことは重要である。そこでは，本来的機能である漁業の操業やセリ市，水産加工

などとともに，漁村地域全体の地域資源などを活かして行うことが大切である。

また，水産業・漁村地域体験は学習を伴うものが多いだけに，体験参加者は「サバニクルーズ」のように家族連れ中心もあるが，学校の修学旅行などが多い。このため，宿泊施設の有無や大都市などからの時間距離や交通アクセス条件に影響されている場合も多く，沖縄本島の恩納村などのような大規模な宿泊施設の立地している地域で多くなっている。しかし，近年では，修学旅行も小グループでの行動なども行われるようになっており，沖縄本島北部の東村などにみられるように民泊なども利用されだしている。また近年では，従来型の「観光」ではなく体験型の「ツーリズム」などが盛んで，学校教育でも「総合学習」が推進され，修学旅行なども体験型が多くなっているため，水産業・漁村地域体験などへの対応がさらに求められるのである。

ただ，水産業・漁村地域の多面的機能のうち，「国民の生命財産を保全する役割」は危険を伴うことも多く，体験することは非常に困難である。しかし，沖縄県では，米軍基地の環境問題や広大な米軍の演習用の海域が漁業に多大の影響を与えているため，このような問題を，水産業・漁村地域体験を行う際にも，平和学習や環境学習の一環として取り上げることなども必要であろう。

注：
1) 読谷村役場や読谷村漁協での聞き取り調査
2) 「むら咲むら」での聞き取り調査
3) 恩納村商工会資料と沖縄県・沖縄県観光コンベンションビューロー 2006.「沖縄修学旅行説明会」p.10 にもとづく
4) 恩納村漁協での聞き取り調査
5) 沖縄体験学習研究会「ニライカナイ」の資料と聞き取り調査
6) 東村観光推進協議会での聞き取り調査
7) 本部漁協栽培漁業生産部会での聞き取り調査
8) 伊良部町漁協と宮古島市役所伊良部支所での聞き取り調査
9) 伊良部町漁協での聞き取り調査
10) 沖縄県宮古支所での聞き取り調査
11) 八重山漁協での聞き取り調査

12）ザパニクルーズ石垣島からの聞き取りと石垣市水産課資料
　13）海業観光からの聞き取り調査
　14）久米島町観光協会，島の学校久米島事業部の資料と聞き取り調査
　15）久米島漁協での聞き取り調査
　16）七浦地区振興会資料と七浦地区振興会での聞き取り調査
　17）唐津市役所浜玉支所資料と浜玉支所，浜崎漁協，浜玉地区の旅館での聞き取り調査
　18）標津町役場資料と標津町役場での聞き取り調査

引用文献：

磯部作 1995．「観光・レクリエーションに対する漁業者の対応と漁業の動向―岡山県東南部を事例として―」『漁業経済論集』第32号第2巻，西日本漁業経済学会 pp. 119～132．

磯部作 2004．「愛知県南知多町日間賀島における体験・観光漁業の状況」，『漁村地域における交流と連携―最終報告―』東京水産振興会 pp. 55～64．

磯部作 2008．「海底ゴミ問題の状況と漁業者の取り組み―岡山県を中心にして―」『漁業と漁協』漁協経営センター第46巻第3号，pp. 24～27．

伊良部町漁協 2005．『平成17年度事業報告書』 p. 3．

沖縄県水産課 2006．「漁村活性化推進事業について」

沖縄地域ネットワーク社 1994．「リゾート進出に対応した新しい漁業を創出 古堅宋達読谷村漁協組合長に聞く」『魚まち』4号 pp. 39～45．

日本学術会議 2004．『地球環境・人間生活にかかわる水産業及び漁村の多面的な機能の内容及び評価について』

(磯部　作)

第6章　漁業の担い手育成と多面的機能

1. はじめに

　2000年代に入り，水産業・漁村にも多面的機能が存在することへの認識が深まりつつある。水産業・漁村の多面的機能は，漁業生産活動や漁業者・漁村の存在に付随して発揮される機能である。

　しかし，周知の通り漁業者数は急速に減少している。漁業者数の減少は，漁村崩壊を地域的に発生させ，その漁村あるいは漁業が発揮していた多面的機能の喪失に直結する可能性がある。安定的な食料供給機能の確保，所得・雇用機会の提供や国民の生命財産等の保全といった多面的機能の維持を考えた場合，それらの機能の担い手である漁業者の安定的確保・育成が改めて重要である。

　こうした問題意識より，本章では，漁業生産の担い手確保と育成，経営安定化を目指した具体的施策のひとつである「中核的漁業者協業体育成事業」の支援を受けて積極的な生産活動を展開する事例を紹介したい。

　なお，「中核的漁業者協業体育成事業」とは，水産基本計画において位置づけられた重点施策「意欲と能力ある担い手育成」に沿って展開されたものである。2001年より事業が開始され，青年漁業者が中心となること，10名以上の沿岸漁業従事者で協業体を構成すること，漁業共同改善計画の策定と知事の認定を受けること，などの条件を満たしたグループが支援の対象とされた。大きな制限がないことから事業内容は多岐にわたっている。漁船漁業から魚類養殖，貝類養殖など漁業種類も広範で，活動内容も流通体制の改善，付加価値の向上，新たな技術の導入などが見られる。予算規模が小さいこともあり，劇的な変化（効果）が生まれる事例は見られないものの，個別経営の改善が図られる事例がいくつも見られる[1]。

2. 長崎県対馬市「トロの華生産者協業体」

1）地域漁業の概要

対馬は南北 82 km，東西 18 km という細長い島である（図 6-1）。対馬の周辺海域には好漁場が数多くあり，イカ釣り漁業，ヨコワ曳き縄漁業，定置網漁業，アワビやサザエ，ウニ，ヒジキなどの磯根資源を対象にした採貝藻漁業が営まれてきた。また，静穏海域を利用して真珠養殖や魚類養殖が営まれてきた。ハマチ養殖にはじまり，アジ，マダイ，ヒラマサ，トラフグ，カンパチ，サバなどが養殖された。しかし，いずれも出荷価格低迷によって養殖経営は苦境に直面した。

当地区でクロマグロ養殖が注目されるようになったのは 1996 年のことである。対馬島内で魚類養殖業を手がける企業が対馬周辺海域を回遊するヨコワに着目，ヨコワの漁獲と管理が尾崎支所へ依頼された。漁協は漁獲後のヨコワ管理を魚類養殖の経験を有する A 氏へ依頼，管理方法などは企業から A 氏へ伝達された。その後の経験を通じて，クロマグロ養殖は自営可能であると判断されるようになった。

こうしたことから，1999 年，A 氏に加えて魚類養殖を行っていた漁業者の

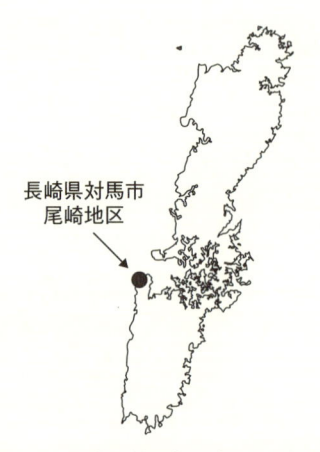

図 6-1　長崎県対馬市尾崎地区の位置

計4名によってクロマグロの試験養殖が開始された。A氏のほか3名もブリ類やマダイの養殖経験を有しており，出荷価格が低迷する既存魚種に変わるものとしてクロマグロ養殖への転換が検討された。なお長崎県では，県主導で既存の魚種からクロマグロ養殖への転換が支援されてきたことから，県の様々な支援事業も活用された。

2）生産体制の移り変わり
（1）個別的生産期（1999年～2001年）

1999年から2001年までの3年間，個別的な生産体制がとられてきた（図6-2）。種苗であるヨコワは，曳き縄釣り漁業者と個別的に交渉して1尾5,000円で購入された。確保したヨコワをブリ類やマダイ養殖で使用していた生け簀を用いてクロマグロ養殖が開始された。餌料は，長崎県漁連から購入されたものや，定置網等で漁獲されたものが利用された。つまり，餌料内

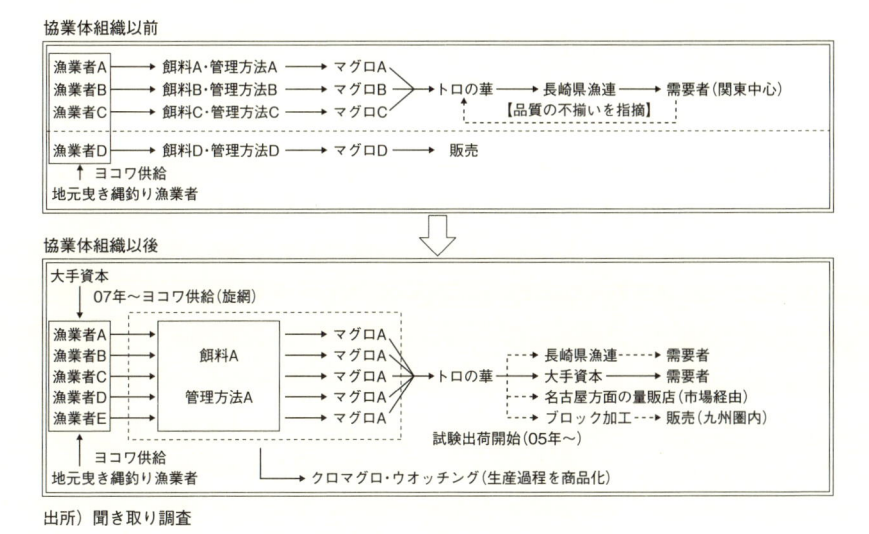

図6-2　養殖マグロの生産・販売の概要

容など育成方法は経営体ごとに異なっていたのである。

2001年10月，35kgサイズの養殖マグロは「トロの華」と命名された。東京，京都，大阪などへ試験出荷され，仲買業者などを対象にした試食会が開催された。肉質は一部，課題もあったものの，総じて良好であるという評価が下されたため，クロマグロ養殖が継続されることとなった。

こうした個別的な生産体制でクロマグロ生産・出荷を行った結果，いくつかの課題が明らかになった。

第1は，ヨコワ確保の不安定性である。クロマグロ養殖の原魚であるヨコワは天然採捕に頼っており，確保できる尾数は年変動が大きい。経営安定化のためにはヨコワの安定確保が必要となる。

第2は，生産量の限界に伴う市場対応性の弱さである。各経営体の生産量は僅かであり，一定量を継続的に出荷することを求める需要者側の要求へ個別的に応えることは難しい。個別的に多額の投資を行って規模拡大を図り，出荷量の拡大と安定出荷を実現することは容易ではない。

第3は，経営体ごとに養殖マグロの肉質にばらつきがある点である。餌料内容，餌料回数など飼育方法が異なる養殖マグロを「トロの華」という同一名称で出荷したことから，市場関係者からは同一名称の商品であるにもかかわらず肉質に差がある点を指摘された。「トロの華」という名称で販売するためには，出荷する養殖マグロの肉質を統一することが求められた。

第4は，肉質の改善である。市場関係者からは天然クロマグロと比べて水っぽい，色目が薄い，脂が強いという指摘を受けた。養殖マグロの販売を拡大するためには需要者側の要望に見合った肉質へ改良することが求められた。

このようなことから，クロマグロの飼育方法の統一と共同出荷を行ったらどうかという気運が内部で高まった。ちょうどその頃，「中核的漁業者協業体育成事業」（以下，育成事業）がはじまり，水産業普及指導センター職員より申請を勧められたこともあり，2002年，「トロの華生産者協業体」が組織された。2002年から2年間にわたって育成事業の認定を受けて生産活動の拡

大が図られた。

(2) 協業体による生産（2002年〜現在）

水産業普及指導センターの職員から育成事業を紹介されたことをきっかけに，2002年から「トロの華生産者協業体」が組織された。

協業体結成の目的はおもに3点ある。

第1は，クロマグロ養殖のための施設整備である。クロマグロ養殖を行うためには生簀の拡充など施設整備に多額の費用が必要とされる。育成事業の支援金は，50％の漁業者負担を加えると2002年は約1,500万円，2003年は約6,500万円であり，これらをもとにクロマグロ養殖の施設拡充が図られている。2002年は直径15mの円形生簀7基，2003年は直径20mの円形生簀14基が増設された。

第2は，共同出荷体制の確立である。個別的な出荷体制では1回あたりの出荷量や出荷総量などに限界がある。共同出荷を行うことによって需要者側のニーズへ安定的に応えうる体制の整備が試みられた。

第3は，肉質の統一である。協業体を組織して餌料内容や管理方法を統一して肉質の均一な「トロの華」の生産が目指された。県漁連から購入する餌料の使用が原則とされた。

2008年9月，「トロの華生産者協業体」には9経営体が参加している（表6-1）。

A氏（51歳）は，トロの華生産者協業体の代表である。40歳代の弟の他に雇用労働力が用いられている。マダイやブリ類の出荷価格の低迷が続いたため，1999年からクロマグロ養殖への転換が進められ，2004年にはマダイ養殖から撤退した。クロマグロ養殖の他に，クロマグロ・ウオッチング，定置網漁業，定置網で漁獲した魚介類の一時蓄養および加工，冷凍魚介類の購入・販売事業なども行われている。

B氏（59歳）は，雇用労働者を用いて事業を展開している。クロマグロ養殖のほか定置網漁業が行われている。また，2004年からA氏とともにクロマグロ・ウオッチング，定置網観光が営まれている。

表6-1 協業体の構成員と生産規模の推移

名前	年齢	漁業種類	備考	2003年 15m	2003年 20m	2004年 15m	2004年 20m	2008年 15m	2008年 20m
A	51	定置網, 魚類養殖	協業体代表者	1	0	2	2	3	6
B	59	定置網, 魚類養殖		4	0	5	2	3	8
C	58	魚類養殖		1	0	2	2	3	7
D	53	魚類養殖		1	0	2	2	3	5
E	59	魚類養殖		3	0	4	2	3	8
F	38	魚類養殖		0	0	1	2	3	4
G	60歳代	定置網, 魚類養殖	2004年加入	—	—	—	—	0	4
H	49	イカ釣り	2008年加入	—	—	—	—	0	1

出所）聞き取り調査

 C氏（58歳）は，家族労働のみで操業している。1970年代半ばから魚類養殖が行われてきたが，マダイやブリ類の価格下落により経営が悪化したため，クロマグロ養殖への転換が進められた。2004年からクロマグロ養殖のみとなった。

 D氏（53歳）は父親が実施していたクロマグロ養殖事業へ加入，父親の引退後，経営者となった。息子（25歳）とともに事業が展開されている。

 E氏（59歳）は，雇用労働者を用いて事業を展開している。長らくマダイやブリ類などの魚類養殖が行われてきたが，価格下落が続いたためクロマグロ養殖への転換が図られた。なお，20歳代の長男と次男の参入によって，生産規模の拡大が図られている。

 F氏（38歳）は，父親が実施していたクロマグロ養殖事業へ加入，父親の引退後，経営者となった。長らくマダイやブリ類などを対象にした魚類養殖が行われてきたが，出荷価格下落のためクロマグロ養殖への転換が図られた。

 G氏（60歳代）は，2005年より石材業の傍らクロマグロ養殖を開始した。息子と雇用労働者を用いて事業が営まれている。なおG氏はヒラマサ養殖の経験を有する。

 H氏（49歳）は，2008年よりクロマグロ養殖を開始した。イカ釣り専門であったが，燃油高騰等の影響で経営の苦しさが増したことから，クロマグロ

養殖事業の開始が検討されるようになった。クロマグロ養殖を手がけるA氏やB氏のサポートを受けながら養殖関連施設の整備とヨコワの活け込み，育成が開始された。現在は20m生け簀1基のみであるが，規模拡大が図られる予定である。

3）生産方法と生産量の推移

クロマグロ養殖は養殖原魚（ヨコワ）を確保することから始まる。対馬でヨコワ曳き縄釣りを行っている漁業者は20名以上存在し，こうした漁業者からヨコワが供給されている。ヨコワの1尾あたりの購入価格はその歩留まり率との関係から，夏季〜10月（500g〜1kgサイズ）は4,000円，11月〜12月（1kg超サイズ）は3,500円，1月以降（1kg〜2kgサイズ）は3,000円とされている。

また，2007年より大手資本が旋網によって漁獲するヨコワの供給を受けることが可能となった。トロの華生産者協業体では，地元の曳き縄釣り漁業者からヨコワを購入していたが，その漁獲量には年変動が大きく必要尾数を確保できない年も見られるなど，種苗供給の不安定性は漁家経営安定化を阻害する要因となっていた。対馬島内でクロマグロ養殖を手がける大手資本が旋網を用いてヨコワを漁獲するようになったことから，その一部を販売するよう交渉したのである。大手資本から購入するヨコワは3.5kg前後であり，1年半の養殖期間で出荷可能である。加えて，餌付けがされていることから歩留まり率も良好である。1尾あたり12,000円と価格は高いものの，養殖期間を短縮可能であること，育成コストを削減可能であること，天候等のリスクを低減できること，歩留まりが良好であること，から十分に採算が合うと見込まれている。

ただ，対馬にはヨコワ曳き縄釣り漁業者が数多く存在し，これまで彼らからヨコワを購入してきた経緯がある。尾崎地区だけで毎年1万尾以上のヨコワを活け込んでおり，その購入金額は年間3億円を超える。これを全て大手資本からの購入へ切り替えれば，地元漁業者の経営への影響は少なくない。

また，ヨコワの安定的確保の観点からも，一方に大きく依存することはリスクを伴う。こうしたことから，トロの華生産者協業体では，地元の曳き縄釣り漁業者と大手資本の双方から供給を受ける体制がとられている。

　購入したヨコワは，育成事業の支援金を利用して規模拡大を図った養殖生簀で育成される。餌料や給餌回数などの管理方法は協業体結成時に統一され，肉質の均一な「トロの華」生産が目指されている。餌料は養殖開始当初，主にイワシを用いていたが，現在はサバ，イカナゴが用いられている。

　出荷される養殖マグロは2年半育成したものが中心であり，出荷サイズは25 kg〜35 kg，平均出荷重量は約30 kgである。生産施設の拡大とともに生産量も増加しており，2003年度は約18トン，約5,000万円，2004年度は約21トン，約5,500万円，2007年は約110トン，約4億円である。2009年は230トン〜280トン，8億円〜10億円の出荷が見込まれている（図6-3）。

4）出荷体制の模索
① 長崎県漁連への販売委託：2002年〜
　養殖マグロの出荷が開始された2002年から数年，生産物の大半は長崎漁連へ委託販売された（図6-2）。まず，長崎県漁連が量販店や市場関係者から注文を受け，その内容が協業体へ伝達される。協業体では伝えられた情報に基づき養殖マグロを取りあげ，鰓と内臓を処理（GG処理）した後に氷詰めにして出荷する。取りあげの順番は輪番制を原則とされた。

　GG処理された養殖マグロは船便で長崎県漁連福岡営業所へ輸送される。福岡営業所へ到着した養殖マグロは，福岡営業所の職員が注文に応じて市場や量販店などへ陸送される。出荷先の中心は築地市場であり相対取引が多い。市場調査，量販店との契約締結などは，長崎県漁連福岡営業所や東京営業所の職員によって担われる。生産量拡大による販売ロット拡大，共同出荷による安定出荷体制の確立によって，2003年以降，量販店との取引が拡大した。量販店との取引価格は従来までの出荷価格よりも若干高く，価格変動も少ないことから，生産者からは歓迎された。

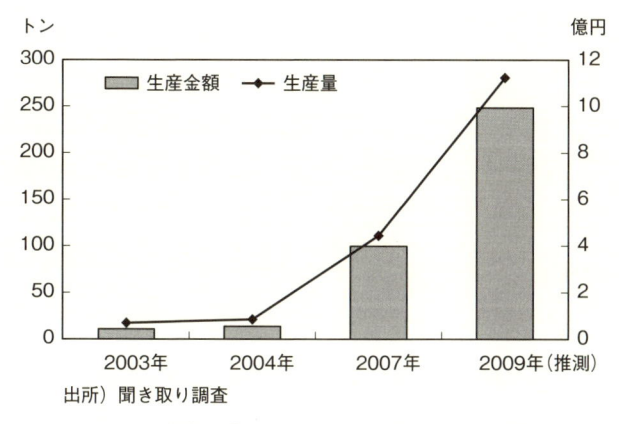

図 6-3　養殖マグロの生産量および生産金額の推移
出所）聞き取り調査

② 販売方法の模索：2004 年～

　しかし，問題が発生する。県漁連からの販売先や需要者からのニーズなど販売に関する情報が十分に提供されなかったこと，県漁連への出荷価格が大手資本から提示された買取価格よりも低かったことなどから，生産者は次第に不満を抱くようになった。

　そこで，A 氏や B 氏が中心となって，県産品フェアなどで積極的な PR が行われるなど，新規販路の開拓や加工処理などが検討・実施された。2004 年より福岡県や長崎県の料理店などへ直接販売されるようになった。その販売量は全体から見るとごく僅かであるが，需要者のニーズを汲み取る機会，さらには「売る生産者」としての意識を高めることになった。その反面，小口需要者への直接販売は部位による需要量の相違に対応できず，多くのロスを発生させた。生産者は自らと需要者のあいだに入る中間業者の必要性を再認識することとなった。

　こうしたことから，複数の需要者を束ねる流通業者との取引関係強化が進められた。2005 年からは名古屋市場の仲卸業者との取り引きが開始された。さらに対馬でクロマグロ養殖業を手がける大手資本への販売量も拡大され

た．こうした販売先は県漁連よりも高い価格を示したことに加え，仲卸業者から先の販売情報等も生産者へフィードバックされたことから，県漁連以外への販売割合が徐々に高まっていった．2005年には県漁連への販売量は全体の5割程度にまで低下した（図6-4）．

さらに2006年には大手商社との取引交渉が行われ，2007年から本格的な出荷が開始された．2007年の出荷先は，大手商社，大手水産資本が中心となっている．代金回収が安全であること，既存の取引相手に比べて買取価格が高いこと，取引内容が透明であること，などが魅力であると捉えられている．これ以降，県漁連や他の取引先への販売価格は，大手商社が示す価格が基準とされた．

5）協業体組織による効果と課題

協業体体制へ移行して様々な取り組みを行うことによっていくつかの効果が見られた．

まず，協業体を組織したことによる効果として，協業体全体および個別経営体の生産量が増加したことが挙げられる．これは，協業体結成を機に新規加入者が現れたこと，支援金によって生産施設が拡大されたこと，協業体の

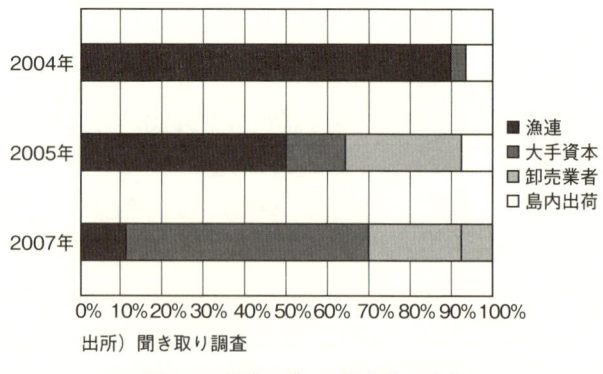

出所）聞き取り調査

図6-4　養殖マグロの販売先の変化

継続的な取り組みに賛同して新規加入者が現れたことによる。個別生産期に抱えていた「生産施設の不備・不足」という課題が解消された。また，生産過程が規格化されたことにより均質なマグロ生産が可能となった。課題のひとつであった「肉質のばらつき」が解消された。さらに，生産物の共同出荷体制が構築されることによって，販売ロットの拡大が図られるとともに，出荷の安定性が実現された。なお，漁業者らは獲得した利益を生産施設へ再投資しており，さらなる規模拡大が進められている。協業体の代表らによって新たな販路の開拓，新規参入者に対する指導も行われている。

　大手資本がこぞってマグロ養殖に新規参入・規模拡大を図る環境下でいかに生き残りを図るのか，県漁連から大手資本へと揺れ動いてきた販売先をどう安定化させるのか，販売先を大手資本に偏りすぎることに起因するリスクとどう向き合うのか，検討すべき課題は残されている。しかし，中核的漁業者協業体育成事業を通じて，漁業の担い手が確保・育成された点は評価に値するものであろう。

3. 沖縄県石川市・宜野座村漁協「石川・宜野座定置網協会」

1) 地域漁業の概要

　石川市は2005年4月1日，与那城町，具志川市，勝連町と合併してうるま市となった（図6-5）。かつては農業や漁業の盛んな地域であったが，1980年代後半以降，大規模リゾートホテルが建設されるなど観光産業も盛んになっている。石川市漁協には2005年現在，正組合員45名，准組合員52名，合計97名の漁業者が属している。主な漁業種類は，刺網，ソデイカ漁，パヤオ漁，モズク養殖，定置網，一本釣り，潜水器漁業である。取扱量及び金額を見ると，1990年代後半の水揚量は200トン前後であったが，2004年は約80トンへと大幅に落ち込んでいる。水揚金額は1992年前後には2億円を記録したものの，2004年は約5,000万円と大幅に減少している。これは主力漁業種類であるソデイカ漁や定置網などの水揚量減少，および販売単価の下落が一因である。ソデイカ漁はかつて1,000万円～3,000万円程度の水揚金額があっ

図6-5 石川市（現・うるま市）・宜野座村の位置

たが，現在は1,000万円に満たない経営体が多い。また，大型定置網は2000万円，小型定置網は500万円〜700万円の水揚金額があったが，現在ではその半分以下にまで落ち込んでいる。また，漁協取扱分の単価を見ると，1997年には820円/kgであったが，2003年にはその半分程度の460円/kg程度にまで下落しており，水揚量の減少と単価下落によって漁家・漁協経営は厳しさを増している。

　宜野座村は那覇市から車で約90分の位置にあり，基幹産業は農業である。サトウキビ，ジャガイモ，キク，ラン，マンゴーなどの生産が盛んに行われている。宜野座村漁協には正組合員72名，准組合員46名，合計118名の漁業者が属している。取扱金額は2000年以降，約1.5億円で横ばい傾向にある。主な漁業種類は藻類養殖，刺網，ソデイカ漁，曳き縄釣り，一本釣りである。近年は藻類養殖業への従事者が増加している。モズク養殖を行っている漁業者は25名程度であり，40歳代から50歳代の漁業者が中心を占めているが，若い漁業者も新規参入または後継者として着業している。さらに2003年からは，ウミブドウの試験養殖が開始された。漁協は構造改善事業を活用

して養殖施設の建設を進め，その施設を組合員へ貸与している。そして2005年から本格的な養殖生産活動が開始された。大半がモズク養殖との組み合わせである。

 2) 協業体結成の経緯

 定置網の水揚量・水揚金額はともに減少傾向にある。1990年代には大型定置網は2,000万円，小型定置網は500万円～700万円の水揚げを記録していたが，その後，急速に落ち込んだ。地域の主力漁業のひとつである定置網経営の立て直しが課題となった。

 こうしたなか，沖縄県職員から「中核的漁業者協業体育成事業」を紹介されたことをきっかけに，協業体の結成が検討された。事業の推進に必要な自己負担分の資金をどう捻出するのか，漁具購入の際の出資割合や利益配分をどうするのかという点が論点となったものの，定置網を営む経営者は以前より機械類や労働力の貸し借りを行う関係にあったことから，話し合いはスムーズに進められた。

 2002年，大型定置網2ヵ統，小型定置網1ヵ統の合計3ヵ統10名による「石川・宜野座定置網協会」が組織された（表6-2）。「定置網漁業と観光事業との組み合わせによる漁家経営の改善」が目標とされた。協業体結成後は，水産

表6-2 協業体の構成員

氏名	年齢	漁業種類	役割
I	40	大型定置網	代表
J	58	大型定置網	監査役
K	52	小型定置網	経理責任者
L	46	大型定置網	体験漁業主任者
M	52	大型定置網	
N	32	大型定置網	
O	26	大型定置網	
P	31	大型定置網	
Q	71	大型定置網	
R	40	大型定置網	販売責任者

出所）石川宜野座定置網協業体

業改良普及センターや漁協職員の協力などを得ながら取り組みが進められた。

3）各経営体の概要
(1) I 定置網グループ（宜野座村）：協業体代表者
　I 氏は本協業体の代表者であり，沖縄県漁業士会の副会長を務める人物でもある。宜野座村漁協に所属し，大型定置網が専業的に営まれている。本人名義（第1号）の大型定置網1ヵ統，父親名義（第2号）の大型定置網1ヵ統の計2ヵ統あり，3名の雇用労働力と2隻の漁船（9.2トン，0.7トン）によって操業されている。
　通常，午前中に水揚げ作業，午後からは網の洗浄や修繕，魚介類の配送などが行われる。水揚作業は週3回（月・水・金曜日）であり，ひと月あたりの海上作業日数は13日程度である。毎週日曜日は休漁，残りの日は陸上にあげた漁網の修繕や洗浄が行われる。年間の海上作業日数は台風等の影響で減少傾向にあり，第1号網は135日（2001年）から120日（2003年），第2号網は119日（2001年）から90日（2003年）へ推移している（表6-3）。
　1990年代には水揚量20トン，水揚金額2,000万円前後であったが，2002年以降，大幅に落ち込んでおり，現在の水揚量は約14トン，水揚金額は800万円前後である（図6-6）。1回あたりの水揚金額を見ると第1号網は8.6万円（2001年）から4.8万円（2003年）へと半減している一方，第2号網は1.4万円（2001年）から2万円（2003年）へと増加しているが，ともに年間操業日数が減少しているため年間水揚金額は減少している。
　操業にかかるコストを見ると，その多くを人件費が占める。雇用労働者の給与は固定給と日給を組み合わせて計算されており，乗組員1名あたり約15万円/月である。3名の労働者が雇用されているため，年間540万円前後の人件費が必要とされる。このほかにも，高騰を続ける燃油代，協業体で共同購入した高圧洗浄機や定置網の自己負担分の借入金返済も加わり，経営は非常に苦しい。

表6-3 年間操業日数と1回あたりの水揚金額の推移

年度	操業日数 第1号	操業日数 第2号	1回あたりの水揚金額（円）第1号	1回あたりの水揚金額（円）第2号
2001	135日	119日	86,045	13,853
2002	129日	105日	57,943	19,183
2003	120日	90日	48,920	20,426

出所）石川宜野座定置網協会

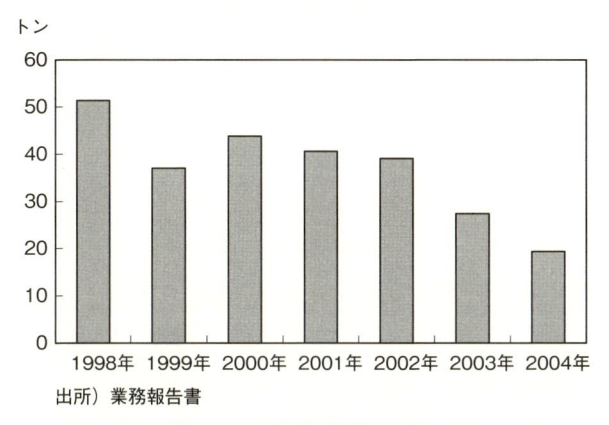

図6-6 水揚量の推移（I氏）

出所）業務報告書

　こうした漁労活動に加えて海洋レジャー事業も行われている。テレビで定置網観光の様子を見たことをきっかけに，小学生などを対象にした定置網観光の実施が検討された。定置網操業に使用する漁船を用いれば新たなコストはほとんど発生しないと判断して定置網観光が開始された。2002年以降，協業体を組織してパンフレット作成，ホームページの開設などPR活動に力が注がれている。観光事業の年間売上金額は50万円程度であり，全売上金額の5％程度に相当する。

（2）J定置網グループ（石川市漁協）
　J氏は石川市漁協に所属している。大型定置網が専業的に営まれており，3名の雇用労働力，2隻の漁船が用いられている。通常，午前中に水揚げ作業，

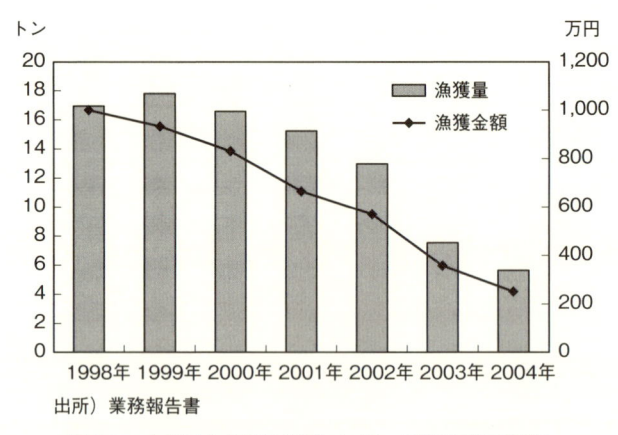

図6-7 水揚量と金額の推移（J氏：石川漁協通過分）
出所）業務報告書

午後からは網の洗浄や修繕，魚介類の配送などが行われる。

水揚金額を見ると，J氏の定置網漁業は石川市漁協の水揚金額約1.4億円の約2割を占める中心的な存在であった。しかし，2002年以降，水揚量の減少が著しく，現在の水揚金額は600万円前後にまで減少している。操業にかかるコストを見ると，年間300万円～400万円が人件費である。このほかにも，燃油代，協業体で購入した高圧洗浄機や定置網の自己負担分の借入金返済も加わり，経営は非常に苦しい。経営が厳しくなるに連れて，即日現金化する業者への販売割合を高めており，漁協への販売金額は400万円未満にまで減少している（図6-7）。

減少する収入の補填策のひとつとして海洋レジャー事業（定置網観光，船・イカダ釣り）が行われており，年間30万円～180万円ほどの売り上げが記録されている。海洋レジャー事業の売上は，全売上金額の5%～23%に相当する。

(3) K小型定置網グループ（石川市漁協）

K氏は石川市漁協に所属している。小型定置網，魚類養殖，刺網，カニカゴなどが営まれており，1名の雇用労働力が用いられている。

魚類養殖がメインであり、レッドドラム、スギ、タマンなどが対象とされている。年間出荷額はおおよそ2,000万円である。通常は、午前中に魚類養殖、午後の時間のあるときに他の漁業を行うといった操業スタイルがとられている。小型定置網漁業の水揚金額は減少傾向にあり、近年の水揚金額は500万円を下回っている。ただし、魚類養殖がメインであり、大型定置網を専業的に営むI氏やJ氏ほどの危機感はない。

海洋レジャー事業も営まれており、アンブシ漁（小型定置網）、カニカゴの体験が行われている。海洋レジャー事業からの収入はごく僅かであり、経営改善が図られる規模にはない。

4）主な活動内容

漁家経営改善のため下記のような取り組みが行われている（表6-4）。以下では、具体的な活動内容とその効果・課題について生産、出荷・販売、その他に分類して整理する。

なお、こうした活動にかかる費用は協業体事業の補助金（50％）と自己負担金（50％）による。事業の総額は約2,000万円であり、2002年は約700万円、2003年は約1,300万円、2004年は約35万円となっている（表6-5）。当

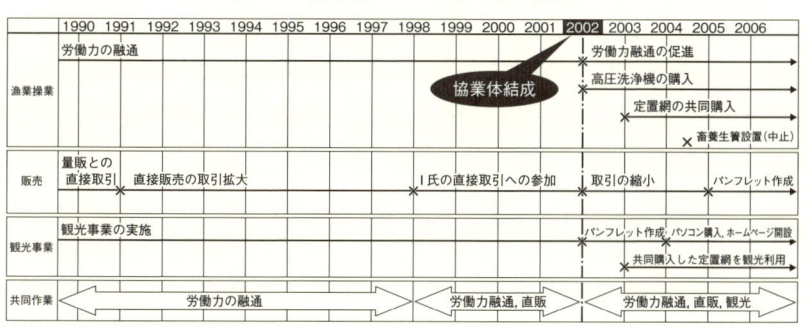

表6-4 協業体における取り組み過程

出所）聞き取り調査

初の計画では，2003年に共同購入・設置した大型定置網からの水揚金額の一部を協業体の活動資金として活用する予定であったが，水揚金額が低迷しているため実現されていない。

(1) 生産

第1は，経営体間で労働力融通による作業効率の改善である。3グループともに雇用労働力を用いた操業であるが，大漁時には労働力が不足，不漁時などには労働力が過剰となる。労働力が不足した場合，労働力を一時的に追加雇用して操業が行われた。労働力を確保できない場合，網の修繕や網替え作業が滞り操業に支障をきたす場合も見られた。そのため，協業体を結成する以前から，経営体間で雇用労働力の貸し借りが行われていた。そして，協業体が組織されたことによって，経営体間の交流が促進され，雇用労働力が貸し借りされるケースが多く見られるようになった。当初は，労賃が支払われるケースもあったが，現在は労働力を相互に融通していることを理由に労賃の支払いは行われなくなった。追加的な労賃を支払うことなく労働力を借り貸しする体制が整い，労働力不足によって作業が滞るケースは解消された。

こうして人材を融通することによって想定外の効果も見られる。そのひとつが漁業者間の技術交流である。経営体間の人材交流が進み，操業上の知識や技術を共有する場面が見られるようになった。具体例を挙げると，I氏は定置網操業中にロープが絡むことに苦慮していたが，J氏からロープの絡みを防止する工夫を学び，操業の効率性が改善された。また，I氏は網替え時，自ら雇用する労働力に加えて10名近くを臨時に雇用していたが，J氏から網上げの省力化の工夫を学び網替え時の必要労働力の削減が図られている。また，漁具の修繕に関する知識を有する乗組員がおり，漁具の修繕が必要な場合はその漁業者の知識を提供するなどして作業の効率化とコスト削減が進められている。

第2は，機械類の共同購入による作業効率の改善である。定置網漁業で雇用労働力や労働時間を多く必要とする作業のひとつに漁網の洗浄がある。協業体が結成された2002年，労働作業の軽減化と省力化を目的に漁網の高圧

洗浄機（約700万円）が共同購入された。高圧洗浄機の使用によって網洗浄作業の時間短縮が実現した。従来まで大型定置網の洗浄は3名～5名体制でひと月7日間程度，小型定置網の洗浄は2名体制でひと月3日間程度の時間が必要とされた。網洗浄機の導入後は，大型定置網の洗浄は5名体制でひと月4日程度，小型定置網の洗浄は2名体制でひと月2日間程度へと短縮された。空いた時間は漁網の修繕や量販店への魚介類配送，海洋レジャー事業の対応などへ充てられている。

　第3は，漁具の共同購入による漁家経営の改善である。2003年，海洋レジャー事業の実施と定置網漁業からの水揚金額増加を目的に大型定置網の側張り（約1,300万円）が共同購入された。通常は漁業操業，定置網観光の予約があるときは海洋レジャー事業の目的で利用されている。共同購入された定置網の運用は2003年12月から開始された。J氏の設営する大型定置網付近に設置されたことから，通常の管理はJ氏の担当とされた。水揚金額の中から操業に必要なコスト（主にJ経営体の人件費）を差し引き，その残りはI氏とJ氏へ配分される。

　ただし，運用後，漁家経営の改善へ寄与するほどの成果は見られない。相次ぐ台風の接近による操業中止，全体的な資源悪化などのため年間水揚金額は低位にある。2004年の水揚金額は約225万円，2005年はさらに下回る。定置網観光の売上金額30万円～50万円を合計しても，年間売上金額は260万円～280万円ほどである。定置網の減価償却費（年間164万円），人件費，燃油代，漁網の修繕費などを差し引くと，最終的には利益はほとんど残らない。

　(2) 出荷・販売

　第1は，蓄養生簀の設置による単価改善である。大漁時の値崩れ防止，不漁時の高価格出荷，量販店への安定供給などを目的に，各経営体によって蓄養生簀が設置されてきた。ただ，蓄養生け簀は沖合海域に設置されているため，荒天時には蓄養生簀の設置海域へ行くことができず出荷不能となる。そのため，蓄養生簀を共同購入して石川市漁港内へ設置する計画であった。し

かし，2002年以降，水揚量が大幅に減少しており，蓄養するだけの魚介類を確保できないと判断，畜養生簀の設置計画は中止された。

第2は，新たな販売先の開拓である。水揚量が大幅に減少する中で，漁獲した魚介類の高値販売を目指したふたつの取り組みが実施されている。

ひとつは量販店との直接取引の実施である。石川市漁協と量販店との直接取引は1980年代に開始された。当初は，漁協職員らが水揚げされた魚介類を携えて石川市内の量販店や鮮魚店へ売り込むという「行商的」な販売方法がとられていた。量販店側から見ると市場を経由するよりも鮮度の良い魚介類を確保できる点が魅力であり次第に取引が拡大された。1991年前後からは，量販店の本部を通じて石川市のみならず当該量販店の全店舗へ供給されるケースも見られるようになった。こうした販売活動を知ったⅠ氏は宜野座村漁協でも同様の取り組みを行いたいと考えるようになった。石川市漁協の職員に相談を持ちかけたところ，量販店との直接取引には安定供給や煩雑な交渉などが必要であり簡単ではないことを知った。Ⅰ氏は，1998年より煩雑な量販店との交渉を石川市漁協に任せ，石川市漁協からのオーダーに基づいて漁獲物を販売するようになった。量販店への販売価格の下限は200円/kg（送料込）が基準とされており，市場出荷よりも価格的にかなり有利なケースも見られる。Ⅰ氏の場合，全水揚金額の40％〜50％相当の魚介類が石川市漁協を通じて販売されている。石川市漁協にとっても量販店へ漁獲物を安定供給するためには海域の異なる定置網を確保することが有効であり，Ⅰ氏から魚介類の供給を受けることで量販店との取引に欠かせない安定供給体制を強化できるというメリットを得ている。

その後も量販店との取引規模は拡大された。各経営体は蓄養生簀を定置網付近の海域に設置するなど，安定供給体制の確立が進められた。量販店との価格交渉では，市場を経由するよりも鮮度の良い魚介類を提供可能であること[2]，安定供給に応えるために蓄養生簀を設置するなどのコストをかけていることなどを理由に，販売価格の下限は200円/kg（送料込み）とされた[3]。1日あたりの出荷量は通常100kg〜400kgであるが，広告掲載時には500

出所）業務報告書，聞き取り調査

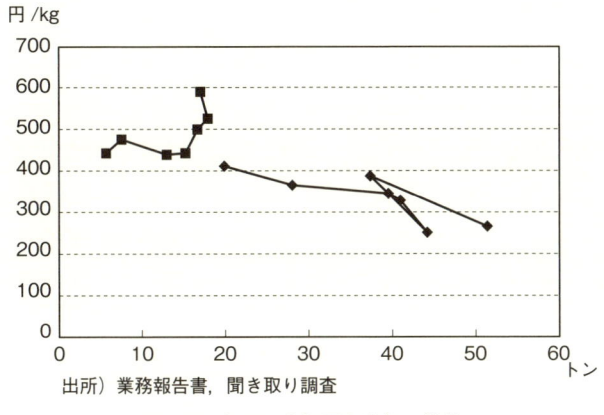

図 6-8　年間の水揚量と単価の推移

kg〜1 トンの魚介類が出荷される場合もあった。こうした取り組みなどによってI氏の販売単価は若干の上昇，J氏の販売単価は横ばいといった状況にある（図 6-8）。しかし，2002 年以降の漁獲量の大幅減少に伴い，量販店との取引金額も減少傾向にある。

　もうひとつは，餌料としての販売である。量販店と取引することによって大漁時でも一定量の魚介類を 200 円/kg 以上で取引することが可能になった。しかし，大漁時には量販店からの注文を遙かに上回る水揚量があり，それらを市場出荷すると販売単価が 50 円/kg 前後にまで下落する場合も少なくない。こうした場合は，石川市漁協の冷蔵庫へ冷凍保存して餌料として販売される。餌料として販売する際の目標は 200 円/kg とされ，多くが 150 円/kg〜200 円/kg 程度で取引されている。200 円/kg で販売された場合，梱包費用や冷凍庫使用料などを除くと 170 円/kg〜180 円/kg になり，大量時に市場出荷する場合に比べて高値となる場合が多い。餌料の注文・販売は石川市漁協によって行われている。石川市漁協に所属するマグロ一本釣り漁業者からは大型イワシ，タチウオ曳き縄釣り漁業者からは小型イワシの需要が多い。この他にも，魚類養殖を営む漁業者を抱える漁協から注文が入る。定置

網の漁獲が良好であった頃は年間10トン近くが餌料として販売されていたが，漁獲量減少に伴って餌料として販売される量も減少している。2004年は約2トン，2005年はほぼゼロである。

第3は，魚介類のPR活動である。2005年，沖縄産の新鮮な魚介類であることをPRすることを目的にしたポスターが作成され，取引関係にある量販店へ配布された。また近年，魚介類の調理方法を知らない消費者が増えていることから，調理方法を記載したパンフレットも作成・配布されている。

(3) 海洋レジャー事業

協業体を結成する以前より，定置網観光（I氏，J氏，K氏），船・イカダ釣り体験（J氏），カニカゴ体験（K氏）などが行われている。

協業体結成以降も個別に海洋レジャー事業が行われることに変わりはないが，それぞれの事業を一括に紹介するパンフレットが作成されるなど宣伝活動に力が注がれている。2003年には大型定置網が共同購入・設置され，漁船を用船しあうことによって修学旅行生などの団体客への対応が行われている。2004年にはホームページが開設され，海洋レジャー事業のPR活動が行われている

利用客の中心は高校生であり，一般客の利用はほとんどない。修学旅行の一環として訪れる県外の高等学校，地元の高等学校による職業体験として訪れるケースが大半を占める。年間の利用客数は，年間300名から700名であり，船釣りやイカダ釣りの人気が高い。年間の売上金額は2001年約160万円，2002年約270万円，2003年約180万円，2004年約120万円となっている。漁協には手数料として2002年60万円，2003年30万円，2004年25万円の収入がもたらされている。

5）取り組みによる効果と課題

協業体を組織した3グループでは，協業体を結成する以前から共同出荷や労働力の融通といった取り組みが行われてきた。協業体結成以降は，共同出荷や労働力の融通といった従来までの関係性の強化，さらには補助金を活用

してハード面の整備（定置網，高圧洗浄機，パソコン購入など）が進められてきた。

　生産の場面では，海上・陸上作業時の労働力融通，漁業関連器具（定置網，高圧洗浄機）の共同利用などの協業化が進められた。労働力の融通は作業効率の向上と人件費削減という効果を生み，高圧洗浄機の導入は作業効率の改善と余剰時間の創出に寄与している。発生した余剰時間は販売対応や海洋レジャー事業対応へ充てられている。また，定置網の共同購入・設置によって新たな水揚金額の発生による漁家経営改善に期待が寄せられた。

　出荷・販売の場面では，協業化を機に量販店への共同出荷体制の強化による販売単価の改善が試みられた。共同出荷による安定出荷体制の確立，配送や荷捌きを漁業者が負担した結果，市場出荷よりも有利な価格で取引されるケースが多くを占めるという効果を生み出した。

　このように，生産施設の拡充，人件費削減，販売価格の改善・維持が進められ，「同一量の水揚げ」と「同一の市場条件」が確保されれば以前よりも利益を得られる「新たな生産・販売システム」づくりが進められてきた。さらに定置網観光の受入態勢の協業化，海洋レジャー事業のPR活動拡大によって漁業外からの収入増加にも期待が寄せられた。

　しかし，上記で見てきた通り，漁家経営を改善するような収入には結びついていない。その最大の原因は水揚量の大幅減少にある。2003年以降，台風の相次ぐ接近による操業日数の減少，資源悪化などの影響などによって「新たな生産・販売システム」で販売する魚介類が大幅減少したのである。

　さらに，期待された新設定置網の水揚金額も年間230万円程度であり，減価償却費や人件費，燃油代などを差し引くと利益はほとんど残らない。海洋レジャー事業については定置網の共同購入やPR活動を進めたものの利用客数は伸び悩んでおり水揚金額の減少を補填できる規模にはない。協業体結成時に想定しなかったほどの水揚量の大幅減少，海洋レジャー事業の伸び悩みによって漁家経営は依然として厳しい状況下に置かれている。

4. おわりに

今，食料供給を巡る状況が大きく変化しはじめている。安定的な食料供給体制がかつてなく重要視されている。安定的な食料供給体制の確立には，WTO の掲げる「自由かつ安定的な貿易システム」だけではなく，自国生産の充実が欠かせないという認識が高まりつつある。

日本の国内生産に目を向けると，大手資本の生産活動への参入が相次いでいる。大手資本の参入によって漁協経営や漁家経営，さらには地域経済が一定程度，改善されるケースも見られるようになり[4]，大手資本を受け入れるためのルールづくりを進める地方自治体も見られる[5]。ただ，大手資本は利益の見込める特定部門への投資に特化する傾向がある（現在はクロマグロ養殖）。一定水準の利益が確保できなければ生産部門から退出することは過去の資本行動から見ても明らかであり（漁業経済学会 2005），食料供給の「安定的な担い手」としてはやや疑問が残る。

一方，現存する漁業者は，それぞれの生産規模は大手資本に比べて小さい。しかし，その地域で暮らす必要があるため利幅が薄くとも生産活動が継続される。個々の食料供給機能は小さいが，総体として食料供給機能が持続的に発揮されてきたことは，過去 30 年以上にわたって沿岸漁業・海面養殖業が 200 トン台の魚介類を安定供給してきたことからも明らかである。安定的な食料供給とそれに付随する多面的機能の確保は，地域に根付いた生産者とその生産力なしには考えられないだろう。

現存する漁業者の約半数が 60 歳以上の高齢者となる一方，40 歳代以下の漁業者は 15％に満たない。漁業者のさらなる高齢化と減少が予想され，食料供給機能と多面的機能を担ってきた漁業・漁村の一層の衰退が懸念される。経営改善に向けた新たな活動を行いたくとも資本力が乏しいが故に諦めざるを得ない漁業者は各地に存在する。上述したふたつの活動も，育成事業の支援金なしには新たな活動を展開できない事例であった。長崎県の事例においては，地域の魚類養殖業を先頭するリーダー的存在が育成された。沖縄県の事例においても新たな生産・販売システムが構築されるなど多くの成果が見

られた。ともに巨額な利益が確保された事例ではないが，支援を機に経営改善に向けた様々な取り組みが行われ，生産体制や販売方法を検討する力など「経営者としての能力」が養われつつあった。

　食料供給機能と生産活動に付随する多面的機能の安定的確保には，昨今論点になっている制度改正による資本導入のみに頼るのではなく，これまで生産活動を担ってきた漁業者が今後も継続的な活動を実現できるような施策の実施が欠かせないものと考える。

[付記]

　本稿は，文部科学省科研費・若手研究B（課題番号：19780172）「沿岸域の調和的・持続的利用に向けた制度・組織論的アプローチ」，同科研費・基盤研究B海外学術・研究代表者：山尾政博（課題番号：16405028）「漁村の多面的機能とEcosystem Based Co-management」，東京水産振興会「沿岸・漁業経営再編の実態と基本政策の検討」の調査・研究成果の一部である。長崎県の事例は若手研究B，沖縄県の事例は基盤研究B，東京水産振興会に依拠する。

注：
1)「中核的漁業者協業体育成事業」の支援を受けた取り組み例については，東京水産振興会「沿岸・沖合漁業経営再編の実態と基本政策の検討」の平成16年度報告，平成17年度報告，最終報告を参照を参照されたい。
2) 那覇市場で売られている石川市や宜野座村の魚介類は漁獲された翌日のものであるが，量販店との直接取引で供給される魚介類は当日漁獲されたものである。漁獲当日の午後には店舗に届けることが可能であり，鮮度に大きな差がある。このため，直接取引に積極的な量販店も見られる。
3) 原則であり200円を下回る場合も見られる。
4) 例えば，長崎県五島地区では，大手資本がクロマグロ養殖業を行うことによって，地域に対して雇用機会を生み，漁協に対して経済効果を生み，漁業者に対してヨコワ供給に伴う新たな所得をもたらした。クロマグロ養殖業が展開する鹿児島県奄美大島，長崎県対馬でも同様の効果が確認できた。漁業経済学会第55回大会・シンポジウム報告（2008年6月1日）「魚類養殖業における輸出拡大の現状と産地へのインパクト～マグロ養殖業を巡る資本行動」。
5) 例えば，クロマグロ養殖を目的にした新規参入が相次ぐ長崎県では，長崎県や各市町村が新規参入企業の受け入れにかかわるルールや指針づくりを行っている。

引用文献:

漁業経済学会編 2005.『漁業経済研究の成果と展望』,成山堂書店,pp.17-24.

(鳥居享司)

第7章　水産業・漁村の多面的機能と食育
—「ぎょしょく教育」を通した地域資源と地域協働の重要性—

1. はじめに

サメやハマチを触って,「ザラザラだ」,「ツルツルや」と歓声をあげる幼児。タイから取り出された心臓を見て,「おー,おー,」と驚く小学生。

子供たちと一緒に鯛めしとつみれ汁を食べながら,「やっぱりおいしい。また,家でもつくります」,「地域の魚を誇りに思いました」と笑う母親や祖母。

これらは2007年12月に愛媛県宇和島市で実施した「愛媛大学サテライト・うわじま親子食育講座」の参加者（46組の親子ペア）の光景と発言の一部である。このイベントは愛媛大学の地域連携に向けた企画で,食の重要性や地域の水産業に関心を持ってもらうことに主眼を置いている。こうした参加者の反応に達成感を得たのは,筆者だけなく,これに携わったメンバー全員であった[1]。

2007年の『水産白書』には「我が国の魚食文化を守るために」,さらに,2008年の同書でも「伝えよう魚食文化」という副題が付いており,魚食文化の重視がうかがえる。魚離れを是正するために,魚食普及や食育推進が説かれている。そして,料理教室をはじめ,地域の魚食文化,地産地消,体験学習を念頭に置いた魚食推進の取り組みは全国的に広がりをみせている。

ところで,昨今の書店では,食育をキーワードとした入門書や実践ハンドブックが平積みされ,また,食育関連の雑誌も多く並べられ,さながら,食育ブームの感がある。他方,多面的機能,とりわけ,水産業・漁村の多面的機能を扱った書籍は極めて限られている。流行やブームの問題は別として,多面的機能に関する議論がもっと積極的に行われて良いと考えるのは,筆者一人ではないだろう。

さて，本章は，水産業・漁村の多面的機能を食育推進との関連で検討することにねらいがある。とりわけ，筆者が総合的な水産版食育の概念として提唱している「ぎょしょく教育」の実践活動をもとに，水産業・漁村の多面的機能の重要性と意義・方途について考察する。本章の内容は以下のとおりである。まず，本章に関わる水産業・漁村の多面的機能と食育の内容を概括した上で，愛媛県南予地域（愛南町と宇和島市）を事例にして「ぎょしょく教育」の捉え方とその実践，効果を紹介する。その上で，地域資源としての魚食文化が食育のコンテンツとなること，さらに，食育推進の原動力が漁村のネットワークや地域協働であることを例証し，水産業・漁村の多面的機能は食育にも展開でき，その役割が極めて高いことを明示する。

2. 多面的機能と食育

1) 水産業・漁村の多面的機能

2004年8月に答申された『地球環境・人間生活にかかわる水産業及び漁村の多面的な機能の内容及び評価について』によると，水産業・漁村の多面的機能とは，水産物を供給するという本来的機能以外の多面にわたる機能のことである。そこでは，食料・資源の供給，自然環境の保全，地域社会の形成と維持，国民の生命財産の保全，居住や交流などの「場」の提供という5つの役割が提示され，それらの役割のもとに3〜4つの機能があって合計17の機能が設定されている（祖田・佐藤・太田・隆島・谷口編 2006）。本章で取り上げる食育との関連で重要な役割は，地域社会の形成と維持と，居住や交流などの「場」の提供と想定される。まず，本章の趣旨に沿って整理しておきたい[2]。

(1) 地域社会を形成し維持する役割

水産業は漁村のあらゆる側面で地域社会の形成と維持の基盤となっている。そして，共同性と相互扶助を原理とする漁村には，「所得と雇用を創出し維持する機能」，「海と水産業に係わる機能を総合化して起業化を促進する機能」「文化を継承し創造する機能」の3つの機能がある。そのうち，食育と直

接的に関連するのは「文化を継承し創造する機能」である。歴史的に，海や魚の環境認知と民俗知識を蓄積して重層的な技能が涵養され，多様な伝統的漁法と漁具は発達した。それに対応して，水産物の多様な生活技術も発達してきたが，その代表的なものが魚食文化，漁村の年中行事や民俗芸能である。漁業者とその家族は，こうした漁撈文化や漁村文化を継承し創造しており，日本の伝統文化の一翼を担っている。

　魚食文化については，生食のほか，様々な調理・加工法が歴史的に蓄積されてきた。漁村には，地域に根づいた郷土料理や，漁業者の船上で調理する漁師料理もある。これらは漁村地域住民のアイデンティティ形成に資するとともに，貴重な地域資源になっている。

　漁村において，海洋と漁撈に関する民俗信仰が保持され，それにまつわる年中行事や民俗芸能も重要な地域資源である。海のかなた，海の底から神霊が来訪すると考えられ，竜神や恵比寿，船霊，金刀比羅などの民俗信仰のもとで，航海安全と大漁満足を祈願し祝う年中行事がや民俗芸能が伝承されている。

(2) 居住や交流などの「場」を提供する役割

　漁村には，「空間を整備し，保養・交流・教育などに「場」を提供する機能」，「国土の荒廃を防ぎ保全する機能」，「沿岸域・沿海域の景観を保全し観光に貢献する機能」がある。これらの3つの機能のうち，「保養・交流・教育などに「場」を提供する機能」として，児童や生徒に対する教育，社会人に対する啓発の「場」が提供されている。漁村では，こうした教育や啓発に関して，漁業者や漁協を中心に地域住民と行政が一体となって，地域全体で多面的機能を活かしていく必要がある。

　児童らに対する教育においては，水産業・漁村の内容を学校教育の教科内容として教えるのは容量的に極めて限られている。児童らは海水浴や潮干狩り，釣りなどの経験を持つものの，海を身近な存在に感じることが限られ，大きな乖離がみられる。したがって，総合的な学習や修学旅行など様々な機会において，それらを一体化して総合的に理解させる必要がある。たとえば，

自然環境と海洋生物に関する学習，食料としての水産物の意義と価値に関する学習が想定でき，それらには，児童自らの観察や体験が効果的である。児童らが漁村を訪問し，漁村文化や漁撈文化を学んで体験する取り組みが重要であり，近年，進められている。こうした学習の「場」として水産業・漁村の果たす機能は極めて大きい。

社会人に対する啓発については，安心で安全な食料の安定的な供給，食料の質や味など嗜好的な価値に関心を持っている社会人が多い。特に，水産物の鮮度，漁場などの生産環境，生産地から消費地までの流通に対する関心は強まっている。また，水産物が健康の維持と増進に優れた効果を持つことを積極的に発信すれば，消費者から水産業や水産物に対する信頼がより多く確保できる。

2）食育
(1) 背景

経済情勢や社会構造，生活文化がめまぐるしく変化し，食品の流通と消費における利便性や快適性が向上するなか，食の重要性は看過され，必ずしも望ましい食生活が実現されていない現況にある（服部　2006）。食の外部化や簡略化，日本型食生活の崩壊，旬の希薄化，食生活の乱れ，生活習慣病の増加などの生活・健康問題，産地偽装やBSEなど食品の安心・安全に関する問題，食料自給率の低下など食の海外依存の問題などが生起する（農政ジャーナリストの会編　2004）。こうしたなかで，食への意識を高め，食生活のあり方を問い直し，健康増進のための健全な食生活や望ましい食品流通を実現するために，自然の恩恵や食に関与する人々の諸活動への理解を深めつつ，食に関する確かな情報に基づいて，適切な判断を行う能力が，私たちに求められている（橋本　2006）。

こうした食に関わる課題の解決を図り，国民の健康や生活，社会福祉制度の水準を維持し，地域や産業の振興で安定的に成長するために，食生活や食料に注目した総合的な政策が不可欠となった。それで，2000年3月の「食生

活指針の推進について」に続いて,2005年7月には食育基本法が施行された。これを受けて,2006年3月に食育基本計画が策定されて,家庭や学校・保育所,地域等を中心に国民運動として,食育の推進に取り組んでいくことになった。現在,食育推進会議が内閣府に設置され,また,厚労省や農水省,文科省の関係省庁で,食に関わる多様な取り組みが進められている。さらに,地方自治体でも,食育基本計画の作成や食育推進会議の設置が行われ,地域や学校,企業など多方面で,食に関わる検討や取り組みは活発になっている。

(2) 内容

食育とは,食育基本法の前文にもあるように,「知育,徳育,体育の基礎となるべきものであるとともに,様々な経験を通して「食」に関する知識と「食」を選択できる力を習得し,健全な食生活を実践することができる人間を育てる」ことである。食育基本法には7つの基本政策が盛り込まれているが,本章の趣旨からすれば,「生産者と消費者との交流の促進」と「食文化の継承のための活動の支援」が関連してくるだろう。

「生産者と消費者との交流の促進」は,同法第23条に規定されており,都市と農山漁村の共生・対流を進め,食に関する交流をもとに生産者と消費者の信頼関係を構築して,食料資源の有効な利用促進,食に対する国民の理解と関心の増進を図ることである。それには,食品の安全性確保,地域・農林水産業の活性化,食文化の継承,環境との調和を念頭に置いた食料の生産と消費が推進され,食料自給率の向上にも連動させる必要がある。そのためには,農水産物の生産〜加工製造〜流通〜消費に関する体験活動の促進,学校給食での利用など地産地消の促進,創意工夫を生かした食品開発などが求められる。

「食文化の継承のための活動の支援」は,同法第24条に規定されている。食生活の画一化が進み,地域独自の味覚や文化の香りにあふれた多様な食が失われる危機性もある。それで,地域の伝統的な年中行事や民俗芸能と結びついた特色のある食文化を見直し,その継承を推進するために,それらの普及と啓発は重要になってくる。

3.「ぎょしょく教育」の展開
1）視点と概念
(1) 背景
　現代日本人の食生活はパンと肉を中心とした「欧米型」へと変化し，日本人の魚介類の摂取量や購入量，食料支出額に占める生鮮魚介類の割合も下落している。魚が，BSE問題など食の安心・安全問題や健康食品ブームで見直される傾向にあるが，様々な意識調査からも，日本人の魚離れは進んでいる。各種の統計でも，特に，若年層の魚離れは顕著である。その原因の一つには，魚食の頻度の低下があげられ，調理の面倒さ，価格の割高さ，子供の忌避観などがその背景と考えられる。また，学校給食での水産物利用が限定的で，地元水産物の利用も少ない状況にある（秋谷　2006）。

　こうした現況を憂慮して，新たに総合的な水産版食育として提唱するのが「ぎょしょく教育」である（若林　2008b）。食育は人間の食に関わる全体像を念頭に置く必要があり，栄養学や家政学などの分野にとどまらず，社会科学も含めて，幅広く総括的に検討しなければならない。そして，これまでの第1次産業分野の食育を鳥瞰してみると，農作業体験，食農教育，都市と農村の交流，地元産野菜の学校給食への供給など数多くの実践事例があり，農業分野が先行している。それに比べて，水産分野の取り組みは限定的であり，水産業・漁村に関する振興や魅力の再発見，地産地消の推進，魚食普及などが課題である[3]。また，現実の食育において，バランスの良い食生活や学習内容を考慮すれば，水産業や水産物への注目と活用は極めて重要である。したがって，水産分野に特化した食育である「ぎょしょく教育」が求められる。

(2) 内容
　「ぎょしょく教育」の視点は，①地域の特性を念頭に置き，地域に存在する漁業や水産加工業，地域に根付いた伝統的な生活文化を生かすこと，②これまでの魚食普及や栄養指導などを踏まえつつ，生産と消費（漁と食）の再接近，食料供給という社会的役割，資源と環境の連関などを念頭に置くこと，③魚に関わる生産から加工，流通，消費（食）まで包括的に把握することの

3つである（若林 2007c）。

　これまでの「ぎょしょく」は「魚食」，つまり，魚食普及という限定的な意味で用いられてきた。ここでは，理由があって「ぎょしょく」とひらがなで表記している。その理由とは，魚の生産から消費，さらに生活文化までの幅広い内容を含む意味を持たせたからである（若林 2008b）。つまり，「ぎょしょく教育」は，「魚触」（水揚げされた魚に触れる体験学習や調理実習）→「魚色（嗇）」（魚の種類や呼称，栄養等の魚本来の情報に関する学習）→「魚職」（魚の生産や流通の現場に関する学習）・「魚殖」（「魚職」から派生したもので，養殖魚の生産や流通に関する学習）→「魚飾」（郷土料理など地域の魚に関する伝統的な食文化に関する学習）という一連の学習プロセスを経て，「魚食」（魚の味を知る学習で，地域の魚を用いた試食）へ到達する。このように「ぎょしょく教育」は魚に関する諸事象を精緻に，かつ，体系的に把握しようとするものである。

　2）実践

　「ぎょしょく教育」の実践は，愛媛大学で地域連携を進める南予地域（愛媛県南部）の愛南町と宇和島市で推進しているが，本章では，その取り組みを簡単に紹介する。

　（1）愛南町の「ぎょしょく教育」

　「ぎょしょく教育」は最初に南宇和郡愛南町で実施した。愛南町は愛媛県の最南端にあって高知県と接し，人口約2.7万人の町である。基幹産業が第1次産業で，漁業はその中心になっている。タイやハマチ，真珠，真珠母貝の養殖業，そして，カツオ一本釣り漁業など海面漁業が盛んで，それらに関する加工業もある。「ぎょしょく教育」は小学校5〜6年生を対象にして，「講義→調理→試食」の3段階で実施した（若林 2007b）。

　第1段階は「講義」であり，魚を理解することを目標に，座学で日本の水産業，地域の「とる漁業」と「育てる漁業」を学習する。これは前述の「魚触」，「魚色」，「魚職」，「魚殖」の学習が当たる。小学校5年生の社会科で学

習する水産業の内容を念頭に置いて，講義は3つのポイントがある。まず，「とる漁業」の学習では，地元漁船が水揚した魚に児童は直接，触れながら，名前と姿，形を理解し，色や臭いも体感した。併せて，地元水揚げ高第1位であるカツオの水揚げから卸売市場まで水産物流通の解説も加えた。次に，「育てる漁業」の学習では，児童は地域の養殖魚種，天然ダイと養殖ダイの違い，マダイの仲間や輸入タイ，マダイの呼称の地域差などの説明を受けた後，タイに直接，触れた。最後に，「日本の水産業」の学習では，図表やイラストが盛り込まれた『ジュニア農林水産白書』を活用して，日本の水産業のあらましが解説された。

　第2段階の「調理」は地域で水揚げされた魚を捌く実習で，「魚触」，「魚色」，「魚飾」の学習が相当する。まず，児童5～6名とその保護者，それに，調理の指導員2名を1グループとして，地域で生産された養殖タイを調理した。児童は，衛生管理，刃物や鮮魚の取り扱い，捌き方のポイント，タイの特徴などの説明を受けた後，指導員が手本を見せた上で，神妙な面持ちでタイのウロコ取りと三枚おろしを体験した。指導員は，ぎこちない包丁づかいをする児童の手を添えて丁寧に指導し，保護者にも捌き方を説明していた。（写真7-1参照）児童が3枚におろしたタイは衛生状況を考慮して加熱される一

写真7-1　タイの調理（愛南町）

方，児童の実習中に，参加者の試食用のタイ料理が準備された。次に，児童と保護者は，カツオの説明や包丁の使用法，鮮魚店の仕事や市場での仕入れの様子などの説明を受けながら，大型カツオの解体を見学した。プロの手技を目の当たりにした児童は目を輝かせ，積極的に質問していた。その後，屋外で，児童は交替で1～2分程度，解体されたカツオを金網に載せてワラ焼きのタタキにして，それを刺身包丁で切って大皿に並べることも体験した。

第3段階の「試食」は，地域で水揚げされた魚を試食するもので，「魚色」，「魚飾」，「魚食」の学習が該当する。参加者が大人数の場合，試食の会場を体育館とし，座卓が準備された。試食メニューは鯛めし（タイを使った炊き込みご飯），冷や汁（タイのすり身を使った冷たい味噌汁をかけたご飯），つみれ汁（タイのすり身の温かい汁），カツオのタタキ（児童がワラ焼きして大皿に盛ったもの），タイとカツオの刺身であり，地元産の食材を用いた郷土料理であった。（写真7-2参照）関係者全員の「共食」は，児童にとって，通常の給食と少し異なる雰囲気が強く印象に残ったようだ。

(2) 宇和島市の「おやこ食育講座」

宇和島市は人口9.2万人で，宇和海の恩恵を受けた水産都市である。まき網や刺網，小型底びき網など漁船漁業があるが，それ以上にマダイやハマチ，

写真7-2　郷土料理の試食（愛南町）

真珠，真珠母貝の養殖が盛んで，宇和島市は日本有数の養殖産地として知られる。水産物は鮮魚出荷されるほか，練り製品に加工されている。市内には，じゃこ天，かまぼこなどの水産加工場も数多く点在する。

「親子食育講座」では，幼児プログラムと小学生プログラムの2種類が実施された（若林　2008a）。

幼児プログラムは3歳から就学前の幼児とその保護者を対象とし，講義形式でなく，実際に魚に触れたり，魚の絵を描いたり，クイズに答えたりして，魚に関する知識を学び，地域の水産物に対する興味と関心を喚起しようとするものである。まず，参加者全員が「宇和島じゃこてんの歌」でジャコ天踊りをした。これは宇和島特産品のジャコ天をPRするもので，全漁連のお魚博士などの着ぐるみとともに，その歌に合わせて踊り参加者交互の交流を深めていた。（写真7-3参照）次に，魚コーナーや野菜コーナー，ぬり絵・お絵かきコーナーなど4つのコーナーが設けられ，幼児は自由に各コーナーを回って学んだ。魚コーナーでは，「魚触」の学習と体験で，地場産の魚介類を触れたり，魚のクイズをしたりした。この間，タイをさばいて内臓など各部位が紹介されて，幼児は魚への理解を深めていた。最後に，幼児とその保護者は鯛めし，つみれ汁を試食した。

写真7-3　じゃこ天踊り（宇和島市）

小学生プログラムは小学校 4〜6 年生の児童とその保護者を対象とし,「講義→調理→試食」の 3 段階とした。まず,「講義」は, 魚や米, みかんの基本的な知識を解説し, 地場産品に対する理解を愛媛県と世界の関わりで深めるように配慮していた。宇和島市に水揚げされている魚をクイズ形式で紹介し, 水産業の概説をした。特に,「とる漁業」と「そだてる漁業」の「講義」については, 宇和島市おさかな普及協議会長がゲストティーチャーとして担当した。(写真 7-4 参照) 休憩時間には, 地場産みかんを手絞り式と自動式の 2 種類の搾汁機でつくったジュースの試飲も行った。次に,「調理」では, 愛媛県魚食普及推進協議会のお魚ママさんの指導で, 小学生が実際にアジをさばき, それらはつみれ汁にされた。そして, お魚ママさんによるタイの解体実演を小学生が見学し, これは試食用の鯛めしになった。最後に,「試食」では, 参加者はアジとタイの郷土料理を食して, 自宅での料理の参考用に, 愛媛県魚食普及協議会の提供によるレシピ集が配布された。

3）実践的効果
(1) 愛南町での効果
　ここでは,「ぎょしょく教育」プログラムの全体的な効果をみておきたい(若

写真 7-4　ゲストティーチャーによる講義（宇和島市）

林　2007a)。まず，保護者に対する効果は「魚食」の拡大である。授業実施直後，魚を利用したいと考える保護者は8割近くに達した。これは，授業が食の機会拡大にうまく機能したことを示すもので，積極的な魚食普及に連動したものといえる。次に，児童への効果は「魚食」に対するニーズの高まりとして表れた。授業実施後1か月の間に魚食を希望した児童は，町の山間部で5割，臨海部で8割にも達しており，授業が魚食へのプラス評価のきっかけとなった。そして，より直接的で明確な効果は，授業実施1か月後の魚に対する好き嫌いの変化である。山間部で5割強，臨海部で6割の児童が魚好きになった。山間部では，魚嫌いだった児童，どちらでもなかった児童が魚好きになった場合が2割もあり，魚好きへの好転が見られた。それに，臨海部において，好きだったがより好きになった児童が5割近くに及んでおり，児童の魚好きは促進された。以上のとおり，実践的な効果は，授業実施直後から見られ，その1か月後に，より明白なものになった。そして，児童と保護者（両親や祖父母など）の間で相乗効果が生まれ，親子ペア参加は教育的に極めて有効であった。

　児童の「魚触」への反応は強かった。魚に触れて調理することが「おもしろかった」・「楽しかった」という回答は6割以上を占めた。顕著な傾向として，次の3点があげられる。第1に，カツオやタイの一匹の姿を知らない児童が半数以上に及ぶ町の中心部では，「おもしろかった」などのプラスの評価が8割近くに達し，「魚触」への反応は大きかった。第2に，山間部と臨海部の相違が明確である。臨海部の児童が比較的，魚を見慣れていて，魚に触れることにあまり抵抗感がなかった。他方，児童の半分以上で一匹の生魚を触るのが初経験という山間部では，「ブヨブヨ（ヌメヌメ）して，気持ち悪かった（こわかった）」と感じた児童は約3割であった。しかし，最初，躊躇し避けていた児童は，時間の経過とともに，徐々に慣れて，魚の尻尾をつかんで得意げになっていた。第3に，「気持ち悪かった（こわかった）」という山間部の児童も，「今後も，機会があれば，魚に触れてみたい，あるいは，魚をさばきたい」と思う児童は8割を超えた。これは触覚による「魚触」の学習が

極めて効果的であったことを裏付けるものである。また，大型カツオの解体や卸売市場でのセリに対する関心も高く，児童が目を輝かせながら親近感を持って，それらを凝視している光景は，まさに「百聞は一見にしかず」という視覚の優位性を示している。

(2) 宇和島市での効果

「親子食育講座」実施後の魚に対する児童の関心度であるが，「本講座を受けて魚に興味・関心を持てた」というのが約8割を超えた（若林　2008a）。さらに，家庭での魚料理の希望も，「家庭でもっと魚料理を作ってもらいたい」という児童が約6割に及んだ。小学生の感想欄（自由記述）には，「魚の心臓が恐ろしかったが，見られて良かった」や「もっと魚料理を覚えたい」など肯定的な回答が数多く寄せられた。

次に，参加した保護者の8割以上が魚をさばけると回答したが，これは大都市部に比べてかなり高く，地域の特徴を如実に示している。調査前1週間における家庭での肉・魚料理の頻度では，肉料理の多かった家庭が約7割近くに及び，小学生の肉好きは明らかであった。したがって，魚に対する認識を深め，魚の魅力を理解してもらい，包丁の正しい使い方，魚の適切なさばき方を伝える契機となることから，「ぎょしょく教育」の役割は極めて重要である。

本講座受講後における魚料理の頻度をみると，今後，魚料理を食べる頻度を増やすと考えた保護者が8割近くに及び，減らすとした保護者はゼロであった。また，「今までと変わらない」という回答者は，調査前1週間で魚料理のほうが多かったと答えた。したがって，「ぎょしょく教育」が魚食の頻度増大の契機になったものと推測できる。保護者の感想欄（自由記述）も，小学生と同様に，「普段，子供に魚をさばくところを見せることがないので，良い機会だった」，「体験型の講座だったので，理解しやすかった」などの肯定的なものがほとんどであった。

(3) 評価

「ぎょしょく教育」の実践で，「講義」と「調理」で触覚や臭覚，視覚，聴

覚が,「試食」で味覚や臭覚が,それぞれ駆使されて,高い教育効果がみられた。現代では,生来の五感をうまく使えない人や「味覚異常」の人が増加し,さらに,食によるコミュニケーションが揺らいでいる[4]。それらを少しでも是正するために,直接体験による触覚や味覚など五感を含む「ぎょしょく教育」の推進は重要である。したがって,「ぎょしょく教育」は,児童への有効的な動機付けとなり,鋭い洞察力や豊かな想像力,積極的な行動力を培うことにつながる。主知主義を看守しつつ,体験による主意主義を盛り込んだ包括的な教育とすることが食育の前提となり,「ぎょしょく教育」は,この点を具現化したものといえる。

4. 教育コンテンツとしての魚食文化

　漁村の景観や年中行事・民俗芸能,郷土料理などの魚食文化は,地域資源として地域活性化の起点となるほか,「ぎょしょく教育」の実践にも効果的である。地域資源とは,地域社会に存在し,地域住民がプラス評価を付与して地域の発展に利活用できる資源と措定しておく。さらに「ぎょしょく教育」を展開していくには,その教育コンテンツを拡充する必要があり,地域資源としての魚食文化は重要な位置を占める。本章では,愛媛県南予地域の郷土料理を中心に取り上げたい[5]。2007年12月に「農山漁村の郷土料理百選」が農水省から発表された。これは,農山漁村の生産や暮らしのなかで育まれ,地域の伝統的な調理方法で伝承され,現在も地域でふるさとの味として認知され食されている料理である。全国の99件が選定され,愛媛県では,宇和島鯛めし,じゃこ天が選ばれており,この2件に焦点を絞って検討する[6]。

1) タイの郷土料理

　鯛めしに用いるタイは,愛媛県が生産量日本一を誇り,愛媛県の県魚である。養殖タイは南予地域において潮流のある生簀で日焼け防止用ネットが張られて育成され,適度に脂がのっている。他方,天然タイは瀬戸内海の来島海峡や豊予海峡,宇和海の潮流の速い海域で育って身のしまりが良い。

「愛媛の漁村郷土料理マップ」をみると, 鯛めしは全県的に, 1匹の活タイを姿のまま炊き込むものである[7]。鯛めしは, 東予地域の四国中央市土居町では春先の産卵を迎えた桜ダイを, 今治市吉海町でも来島海峡の潮流にもまれたタイを, それぞれ用いて, 祭礼や祝事の時につくられる。養殖ダイ産地の南予地域でも, 手軽な調理法で祝事や祭礼など様々な会合で食べられている。他方, もう一つのタイを用いる有名な郷土料理として, 「ひゅうがめし」がある。これは, 宇和島沖の日振島を拠点とした伊予水軍に起源があると伝えられ, 漁師の賄い料理であり, 鯛めしとも呼ばれている。新鮮なタイの刺身を, 醤油や味醂, 日本酒, 砂糖, 胡麻を合わせたダシ汁と生卵を溶いたタレに漬け込み, それを温かい御飯にのせ, 海苔, ねぎなどの薬味を加えたものである。本来の「ひゅうがめし」は, アジなどの刺身を卵の加えた醤油タレに漬けて御飯にかけたもので, 宇和島市では「六宝」とも呼ばれている。
　鯛めし以外のタイの料理としては, 活け盛り, 鯛そうめんがあげられる。活盛りは尾頭の付いたタイをメインに他の旬の魚や花を豪華に盛り付けたものだ。鯛そうめんは, タイを姿煮した汁を薄めて, そうめんにかけ, ほぐしたタイの身と薬味, 具をのせたものである。「魚飾」や「魚色」, 「魚食」の学習を進めるには, より詳細で周到に地域的な比較検討を行い, その類似性と差異性を明らかにすることが重要であろう。
　タイは地域の年中行事に不可欠な鉢盛料理の中心的な食材となっている。この料理は高知県の有名な行事食である皿鉢(本来的には, さあち)料理に相当する。これは, タイの活き造りやカツオのたたきといった生(なま)もの, そして, 煮物や焼き物, 揚げ物, 果物やケーキのデザートなどの組みもの, さらに, サバやカマスの姿ずし, 巻きずし, にぎりずしなどが一つの大皿に盛られたものである。それらのうち, 組みものは盛り込みとも呼ばれる。なお, 前述の「農山漁村の郷土料理百選」に選定された高知県の皿鉢料理との関連からすれば, 南予地域の鉢盛料理は地域文化の類似性を表わしている。これは「魚飾」の学習における魚文化の融合性や複合性を如実に示すものである。

2）じゃこ天

じゃこ天は揚げかまぼこの一種で，ホタルジャコを主原料とする魚肉に食塩を加えてすり潰したものを成型して揚げたものである（岡　2007）。その製造法は，魚の骨や皮を魚肉と一緒に使用し，材料の水晒しを行わない点で，一般のかまぼこと異なる。そのために，製法の簡略化，うまみ成分の流出防止，排水処理の不要といったメリットがある。宇和島市と同様に，八幡浜市も，じゃこ天製造が盛んであるが，魚肉の破肉方法に違いがあり，それぞれ独自の風味を持っている。八幡浜市が直接砕肉法（内臓や血液を除いて水洗いした魚体をミートチョッパーにかける方法）であるのに対して，宇和島市は間接砕肉法（水切りした魚体を魚肉採取機にかけて魚肉部分だけを取ってからミートチョッパーにかける方法）である。なお，ホタルジャコのみを使った高級じゃこ天，その他の魚も加えたじゃこ天など多種多様の工夫がなされている。

　水産業・漁村は，水産物の供給という本来的機能のほか，様々な多面的機能を持っており，それらの一つに「文化を継承し創造する機能」がある。漁村には個性豊かな地域の伝統文化が数多くあり，魚食文化もその一つである。生食のほか，魚の調理・加工法には創意工夫が施されている。そして，地域の郷土料理には生活の技や知恵が含まれ，それにまつわる漁民信仰や年中行事，民俗芸能も含めて把握することで，地域文化を見直すことにつながる。したがって，「ぎょしょく教育」は，ただ単に魚の知識に学び調理し試食するだけではなく，地域文化の見直しにつながる「地域理解教育」となり得る。「ぎょしょく教育」は，魚離れを是正するとともに，地域の良さを問いかけ，地域への愛着や誇り，アイデンティティを醸成するきっかけになる。地域資源としての魚食文化は，「地域理解教育」である「ぎょしょく教育」のコンテンツとして重要な位置を占めているのである。

5. 地域ネットワークと協働化

「ぎょしょく教育」の実践を推進していくなかで，新たな「ぎょしょく」の

必要性が明らかになった。それは第7の「ぎょしょく」である「魚織」，つまり，「ぎょしょく教育」に協力し支援する組織のことである。この点についても，愛南町と宇和島市の実践から具体的に見ておく。

1）愛南町の「魚織」

愛南町内の小学校のほか，愛南町役場の教育委員会や水産課，愛媛農政事務所などの行政（官），愛南漁協や町内の水産業者といった水産業界（産），さらには，愛南町生活研究協議会や愛南町魚食研究会など地域諸団体（民）の連携と支援なくして，「ぎょしょく教育」は完遂できなかった（若林2007b）。具体的には，小学校関係での調整を教育委員会が，水産関係者や地域諸団体の調整を水産課がそれぞれ担当した。そして，「講義」の教材として用いた30種類の魚は，地元に水揚げされたものであり，愛南漁協で収集〜冷凍保管されていた。また，「調理」や「試食」の食材となった魚は愛南漁協や町内の水産業者から提供されたものである。さらに，タイの郷土料理の指導と調理を愛南町生活研究協議会が，カツオの解体実演や皿鉢料理の調理を愛南町魚食研究会が，それぞれ担った。こうした諸団体は，地域で社会貢献し

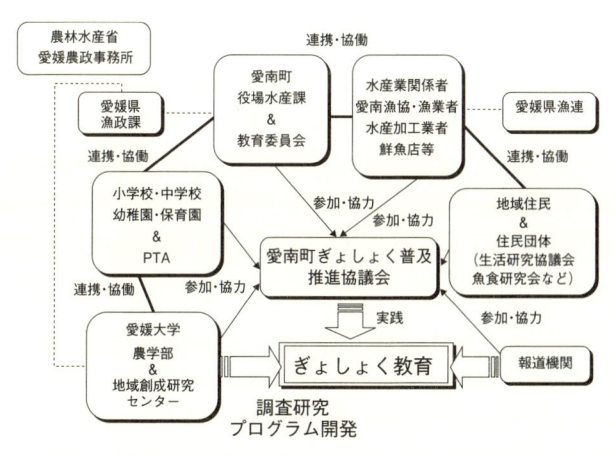

図7-1　愛南町における「ぎょしょく教育」の地域協働化

ているほか,「ぎょしょく教育」の支援組織という「魚織」でもある。(図7-1参照)

　また,「ぎょしょく教育」推進のために,従来の魚食普及推進協議会は2006年4月に「愛南町ぎょしょく普及推進協議会」と改称され,2007年4月に構成メンバーの拡充を図った。本協議会は2007年1月の「地域に根ざした食育コンクール2006」において優秀賞を受賞したほか,この取り組みが『水産白書』で,2回,紹介された[8]。その後も,本協議会は「ぎょしょく教育」の地域協働の中心となって,より実践的な活動を進めている。

　2) 宇和島市の「魚織」

　「親子食育講座」を円滑に実施するために,産(宇和島市おさかな普及協議会)・官(宇和島市役所)・学(愛媛大学)の関係者が集まって,事前の打ち合わせを実施した(若林　2008a)。市役所部署の参画は,愛南町での実績を踏まえて,今後の展開を念頭に置いて横断的な対応ができるように配慮した。この打ち合わせには,教育関係,健康保健関係,農林水産・商工観光など産業関係の3分野のほか,企画調整課にも参加を求めた。

　本講座の実施当日の協力者は,市役所関係者(企画調整課,農林課,水産課,子育て支援課),水産関係者(愛媛県漁連,お魚ママさん,宇和島市おさかな普及協議会),愛媛大学関係者であった。特に,子育て支援課の主任(栄養士)は幼児プログラムで,自前の教材を用いてプログラムの質的向上に大きく貢献した。市内の各小学校へは教育委員会を通して,市内の幼稚園や保育所,栄養士関係者へは子育て支援課や健康増進課を通して,それぞれ案内と募集が行われたほか,コープえひめの宇和島地区理事にも参加募集の協力も得た。

　本講座で使用した食材は関係業界団体から無償提供されたものである。タイは愛媛県魚食普及協議会から,アジが宇和島市おさかな普及協議会から,さらに,鯛めしに用いた米や卵が農林課の依頼でJAえひめ南から,みかんも農林課から,それぞれ提供された。そして,「調理」では,お魚ママさん6

人による絶大な協力があった。お魚ママさんは，愛媛県魚食普及推進協議会のもとで，地域に密着した魚食普及活動を推進するために養成された女性たちである。これは愛媛県の補助事業によるもので，「お魚ママさん養成(特訓)セミナー」の修了者をお魚ママさんとして協議会が認定している。彼女らは魚の知識と調理に関するエキスパートであり，料理教室などの地域イベントにボランティアで参加してくれる貴重な人材である。以上のとおり，本講座の完遂には地域の産・官・学の協働が大きく寄与している。(図7-2参照)

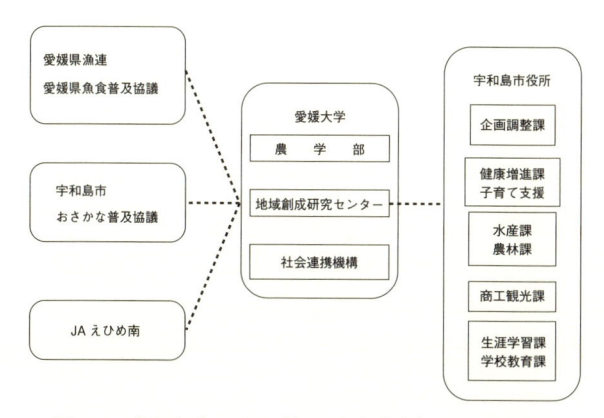

図7-2 宇和島市おける「親子食育講座」の地域協働化

3) 地域の連携と協力

愛南町と宇和島市の事例から「ぎょしょく教育」の実践を通して看守すべきことは，地域の連携と協力である。それは「魚織」，つまり，「ぎょしょく教育」を推進するための地域協働組織である。「ぎょしょく教育」の授業の完遂には，様々な地域諸団体の深い理解と温かい支援があった。「ぎょしょく教育」の実践は，地域の産・官・民・学の関係者とその組織の深い理解にもとづく連携と協働による賜物であると同時に，食育に対する地域住民の高い意識と理解を示すものである。

その根底には，従来の村落社会で一般的に存在した，地域の連帯性や共同

性が維持され，緊密な人間関係が息づいているがゆえに，それらはうまく機能した面もある。地域の教育には，学校・家庭・地域社会の密接な連携が求められ，「ぎょしょく教育」は地域住民の協働による「顔の見える教育」のひとつと位置付けられる。「ぎょしょく教育」の推進には地域のネットワークが不可欠であり，漁村にある協働性は大きな意味を持っている。今後，地域のネットワーク構築をもとにした本格的な地域協働化が，質的にも量的にも，より一層，拡充されるべきであろう。

6. おわりに

　水産版食育である「ぎょしょく教育」は，若年層に対して魚への興味と関心が喚起され，地域水産業に関する総合的な教育効果が高められる。他方，地域の理解と交流の拡大，水産物の地産地消の促進，漁と食の乖離を解消，地域水産業の活性化など地域再生の基盤につなげる手立ての一つになる可能性を，「ぎょしょく教育」は秘めている。そして，「ぎょしょく教育」は，漁協女性部をはじめ水産関係団体が取り組んできた魚食普及活動の面的広がり，体系的な広がりを持たせることができ，総体的な底上げができる。地域づくりの基盤となる地域の教育力を高めるために，「ぎょしょく教育」を実践する場合，水産業・漁村の持つ多面的機能は最大限，活用されるべきであり，その重要性が高い。「顔の見える」地域密着型の「ぎょしょく教育」の実践によって，漁村に存在する景観や年中行事，民俗芸能，郷土料理などの魚食文化といった地域資源の再認識と発掘，さらに，それらの利活用が可能となる。「ぎょしょく教育」の推進は，漁村の社会関係の存続，再生につながる契機となり，水産業と漁村社会を紡ぎ上げることができるだろう。

　漁村は，まさに「ぎょしょく教育」実践の場であり，冒頭に記した多面的機能の「保養・交流・教育などの「場」を提供する機能」そのものである。内容的に，総合的な学習や修学旅行での交流・教育はもちろん，通常の教科内容で各教科の横断的な調整を図るなど，有機的で効率的な連携をもとに，水産業・漁村の内容を総合的に取り扱うことができる。

「ぎょしょく教育」の推進・協力体制を構築していくには，地域の「魚織」，つまり，地域の魚・水産・教育に関わる諸団体が緊密な連携をとり，地域住民の知恵や経験，技術をもとにした協働化を図るべきである。すなわち，これが「ぎょしょく教育」の地域協働システムの構築である。ここにおいて，漁業者や水産加工業者，漁協，漁協女性部，水産加工組合など水産関係団体の存在は極めて大きく，多面的機能のうち，「地域社会を形成し維持する役割」に重要な意味を持つ。漁業生産関連の経済事業を行ってきた漁協は，取り巻く厳しい環境のもとで，販売事業などで後退を余儀なくされ，漁協合併による基盤強化と事業の改革が断行されるようになってきた。その一方で，社会情勢の変化で，魚や海に関する地域住民・国民全体のニーズや関心の高まりがみられ，魚食普及のレベルにとどまらず，「ぎょしょく教育」は地域ぐるみで取り組む必要がある。こうした取り組みの担い手としては，漁村における基幹的な機関の一つである漁協，さらに，漁協女性部・青年部が最適であろう（若林　2007d）。地域内にある諸団体と連携・協力しながら取り組みが推進されれば，これは地域の食をめぐる社会関係の再結合のきっかけになる。物心の両面において，漁協や漁協女性部の連携と協力は不可欠であり，地域水産業，漁村社会の中核にあって先導的な役割を果たすべきであることが「ぎょしょく教育」からも裏付けられる。

　水産業・漁村の多面的機能を十分に把握して，「ぎょしょく教育」を推進することで，筆者が主張する「地域理解教育」の進展も可能になる。地域資源に対する再認識を喚起する「地域理解教育」のコンテンツは多面的機能の特性を活かしていくべきである。また，その担い手には，多面的機能を踏まえた取り組みが求められる。「ぎょしょく教育」の内容である6つの「ぎょしょく」は，多面的機能の「文化を継承し創造する機能」そのものである。郷土料理や漁師料理など魚食文化には伝統的な技・味・知恵が内包され，その特殊性と多様性がみられる。また，安全と豊漁を祈願する年中行事や民俗芸能は漁村文化の表象であり，地域資源といえる。これらは，世代間を超えた連携により，地域の漁業者や高齢者から地域住民へ包括的に伝承される必要が

ある。「ぎょしょく教育」は地域に密着した伝統文化の創造と継承の機会として位置付けられる。換言すれば，漁村は地域資源の宝庫，地域協働の源泉という潜在的な能力を持っており，それらが多面的機能に起因する。

したがって，水産業・漁村の多面的機能（③ 地域社会を形成し維持する役割，⑤ 居住や交流などの「場」を提供する役割）と，食育基本法の基本施策（⑤ 生産者と消費者との交流促進　⑥ 食文化の継承のための活動支援）は不可分の関係にあり，双方の有機的な連携と相乗効果も期待できる。つまり，多面的機能の良さを活かした食育の実践，また，食育を通して多面的機能の重要性の高揚が可能であろう。今後，さらなる食育活動と多面的機能に関する実践と検討が不可欠である。

注：
1）「うわじま食育講座」の具体的な実践内容については，若林良和（2008a）参照。
2）ここでは，日本学術会議（2004）の報告書の24～28，31～38ページをもとに要約した。
3）魚食普及運動は1970年代以降，消費者に対して推進されてきた。1977年の「おさかな普及協議会」設置が発端となり，行政や水産業界の施策として展開された。
4）この現状に関する詳細については，山下柚実（1999）参照。また，五感を用いた授業実践は，ヨーロッパで積極的に展開されているスローフード活動につながっている。
5）愛媛の郷土料理については，池山一男・一色保子・鈴木玲子（1976），日本の食生活全集愛媛編集委員会（1988），愛媛新聞社編（2001），土井中照（2004）参照。
6）選定件数は全部で99件であった。残りの1件は各自が好きな郷土料理を選ぶことで百選としている。
7）このマップは，愛媛県下42漁協女性部の調査をもとに愛媛県農林水産部漁政課が作成した。A4版サイズで地図や写真がふんだんに盛り込まれている。
8）平成18年版と平成19年版の『水産白書』で紹介され，特に，平成19年版では「ぎょしょく教育」の取り組みが優良事例として詳述された。詳細は『水産白書　平成18年版』3ページ，『水産白書　平成19年版』54ページ参照。

文献：

秋谷重男 2006.『日本人は魚を食べているか』，漁協経営センター
池山一男・一色保子・鈴木玲子 1976.『伊予の郷土料理』，愛媛文化双書刊行会
愛媛新聞社編 2001.『四国　旬の味巡り』，愛媛新聞メディアセンター
岡弘康 2007.『うまさ満点じゃこ天BOOK』，愛媛新聞社
祖田修・佐藤晃一・太田猛彦・隆島史夫・谷口旭編 2006.『農林水産業の多面的機

能』，農林統計協会
土井中照 2004.『愛媛食べ物の秘密』，アトラス出版
農政ジャーナリストの会編 2004.『「食育」-その必要性と可能性』，農林統計協会
橋本直樹 2006.『日本人の食育』，技報堂出版
服部幸応 2006.『食育のすすめ』，マガジンハウス
日本学術会議 2004.『環境・人間生活にかかわる水産業及び漁村の多面的な機能の内容及び評価について』，日本学術会議，pp.59.
日本の食生活全集愛媛編集委員会 1988.『聞き書　愛媛の食事』(日本の食生活全集 38)，農文協
山下柚実 1999.『五感喪失』，文芸春秋
若林良和・阿部覚 2007.「「ぎょしょく教育」の実践は何をもたらしたか　水産分野における食育の重要性と成果を検証」『農林経済』(時事通信社)，pp.2～6.
若林良和 2007a.「子どもを魚好きにするには」『学校給食』58 (2)，pp.26～38.
若林良和 2007b.「「魚」をテーマに食育！　学校・家庭・地域が盛り上がる「ぎょしょく教育」プログラムの授業実践」『食育活動』5，pp.60～67.
若林良和 2007c.「地域水産業と食育　―水産分野の食育活動研究に関する基本的視点の検討―」『地域漁業研究』47 (2・3)，pp.243～263.
若林良和 2007d.「「ぎょしょく教育」推進と漁協の役割　―地域漁業の再生に水産版食育を活かす―」『漁業と漁協』536，pp.156～170.
若林良和 2008a.「食育活動推進と地域協働の展開　―「愛媛大学サテライト・うわじま親子食育講座」の実践をもとに―」『地域創成年報』3，pp.133～147.
若林良和編 2008b.『ぎょしょく教育　～愛媛県愛南町発　水産版食育の実践と提言～』，筑波書房，pp.162.

(若林良和)

第 8 章　サンゴ礁域の多面的利用
―ナマコ利用の問題点―

1. はじめに

ナマコ戦争。

戦場は赤道直下の孤島，ガラパゴス諸島。かのダーウィンが進化論を構想した，生態学はもとより近代諸科学すべての聖地である。

おわかりであろう。米国の環境 NGO オーデュボン協会の機関紙『オーデュボン』の喧伝に由来する，このキャッチ・コピーは（Stutz 1995），生態系保全をとなえる環境保護論者とナマコ利用をもとめる漁師との深刻な対立を形容しているのである。

興味深いのは，環境保護論者たちがガラパゴスという離島群で産出されるナマコなど，全地球的にみた場合には微々たるものにすぎず，あえて問題視する必要がないことをみとめつつも，それでもやはりナマコ漁がガラパゴスという「神聖」な生態系におよぼす悪影響を懸念していることである（Jenkins and Mulliken 1999）。ナマコという生物の保全も必要であるが，それよりもなによりも，ガラパゴスの生態系保護が先決だ，といわんばかりの主張なのである。

これらの環境保護論者によって告発されたナマコ漁自体に内包された収奪性は，世界の環境保護論者らの関心を喚起し，ガラパゴス諸島という限定された生態系の保全のみならず，世界のナマコ資源をまもるべく，2002 年以降，ワシントン条約の俎上にのぼるにいたっている（CITES 2002）。

「戦争」という軍事的表現の妥当性は別としても，同条約に戦場がうつったことで，問題はより複雑化した。それは，同条約が発足時にかかげた生物資源の持続的利用という目的よりも，現在は，むしろ「生物多様性の保全」にかたむいており，関係各国の思惑がぶつかりあう政争の場と化しているからである。

ナマコは温帯から熱帯にかけた広大な海域群で生産されながらも，それらの地元で消費される習慣はほとんどなく，中国食文化圏という限定市場で消費されてきた歴史をもつ。したがって，いつ，だれが，どのようにして資源開発をもちかけたのかは，ナマコの資源管理を考えるうえで重要なポイントとなる。1990年代初頭にはじまったとされるガラパゴスにおける資源開発においても，「アジア人」が関与しているとされるように（Bremner and Perez 2002：309），生産と流通，資源管理は切っても切れない関係にある。

くわえて生物多様性保全は人類の共有財産であるとして，ワシントン条約などの国際条約やFAOなどの政府間機関（IGO：Intergovernmental Organization），巨額の寄付金をうしろだてに途上国にきびしい環境保護政策をせまる国際環境NGOらが資源管理に関与する今日，わたしは，グローバルな資源管理の枠組みと地域社会が個別にはぐくんできた資源利用の固有性を同時代的に議論せねばならないことを痛感している。

本稿では，まず，ナマコ類のなかでも「刺参」とよばれる一群のナマコに注目し，ガラパゴスで生じたナマコ戦争の舞台裏とナマコがワシントン条約の俎上にのぼるにいたる過程を説明する（第2節）。つぎにナマコ食文化の近年の変化を香港における中国料理改革運動と関係づけて論じ，刺参ブームの背景を論じる（第3節）。そして，その余波をうけ，沖縄県で注目があつまりつつあるシカクナマコの資源利用について報告し（第4節），最後にサンゴ礁域がもつ機能の多面性——生態系サービス——に注目し，ガラパゴスや沖縄のナマコ資源利用の展望を論じたい[1]。

1997年以来，ナマコという定着性沿岸資源に注目し，わたしは東南アジアと日本の島嶼社会の人びとが，いかに自然を利用してきたのかについて文化史的な研究をおこなってきた。今から考えると，わたしが東南アジアの海浜で好事家的にナマコをいじりはじめた時，同じ太平洋をへだてたガラパゴスで勃発していたナマコ戦争など知る由もなかったし，この紛争が，みずからが関心をよせる西部太平洋海域における資源利用の慣行に影響をあたえることになるなど，まったく予期しえていなかった。わたしは，このこと自体を

非常にはずかしく感じている。

たしかにこの10年間におとずれたナマコ漁の現場では，略奪的な漁業をおなっている地域もなくはなかったが，その一方で「みんな」の資源として持続的な利用を模索する地域が少なくなかった。これらの努力が水泡に帰すようなワシントン条約などといった国際条約で一律に規制するのではなく，それぞれの地域の実態に即した利用慣行を実践できないか。この疑問をもとにわたしはこの数年間，津々浦々を歩いてきた。そのような壮大な試みがすぐに完成するとは思えないが，この小論を，その作業の一環として位置づけてみたい。

2. ナマコ戦争の舞台裏

本稿でいうナマコは，高級中国料理の食材として流通する乾燥ナマコに限定する。したがってナマコの消費地は，いうまでもなく中国料理文化圏に限定される。その中心は，中国，香港，台湾，シンガポールであり，やや周辺的に韓国や日本，華人人口のおおい，米国やカナダ，オーストラリアなどをふくんでいる。

4000年をほこる中国料理ではあるが，中国で乾燥ナマコの利用が普及したのは，16世紀末から17世紀初頭にかけての明末清初期とあたらしい（赤嶺 2003）。しかも，ナマコが利用されるようになった当初から中国市場の需要を満たしたのは，日本や東南アジアで生産されたナマコであり，やや遅れて19世紀ごろに南太平洋からもナマコが輸入されるようになった。つまり，中国における乾燥ナマコの利用は，外部経済からの流入を前提として発達していったのである。

第2次世界大戦を契機として戦前の流通は途絶えたが（Conand 1990），1970年代になって東南アジアや日本から香港への乾燥ナマコの輸出が復活するようになった。そして，1980年代なかば以降に顕著となった中国の開放経済，経済発展に後押しされ，ふたたびナマコ市場は拡大期をむかえることとなった。

たとえば，世界最大のナマコ集散地である香港は2006年に少なくとも54か国から4,180トン，日本円にしておよそ191億円ものナマコを輸入している[2]。日本や東南アジア，南太平洋諸国といった「伝統」的な産地のみならず，アフリカや南米諸国からの生産が目立つように，近年のナマコ市場の拡大は産地の国際化によってささえられている。

ここでナマコ戦争の舞台裏をふりかえってみよう。そもそもメキシコからエクアドルにかけて棲息する *Isostichopus fuscus* の採取がはじまったのは，1985年のメキシコが最初であった（Castro 1995）。まさに東南アジア諸国や中国の経済上昇にともない，ナマコ市場が拡大しつつあった時期のことである。メキシコでの資源開発の成功にうながされて，エクアドルの大陸側で *I. fuscus* の採取がはじまったのは，1988年のことである。ひとりあたりの年間所得が1,600米ドルに満たないエクアドルにおいて，3人1組で1日に数100米ドルを稼ぐことのできる *I. fuscus* 漁に漁民のみならず人びとは魅了された（ニコルズ 2007：138）。水深40メートル以浅の岩礁域に生息する *I. fuscus* は，容易に採取しうるため，またたく間に獲りつくされてしまい，漁民たちは1991年からガラパゴス諸島でも同種を採取するようになったのである（Camhi 1995, Bremnan and Perez 2002, Toral-Granda and Martinez 2004, Shepherd *et. al.* 2004）。

ナマコ漁が導入された1991年当時，ガラパゴスへの年間の来島者数は4万人に達し，活況を呈する観光業に牽引され，職をもとめてガラパゴスに流入するエクアドル人も急増し，島の人口は1万人に到達しようとしていた。観光も未発達だった1960年の人口が2,000人強だったことを考慮すると，この間における島内人口の爆発ぶりが理解できる。このように，ただでさえ人口増によってガラパゴスの環境が悪化しているうえ，人口流入にともなうアリやネズミなど外来種の移入が問題となっていた。そこへ，さらに一攫千金をめざした漁民たちがおしよせてきたのである（伊藤 2002）。

しかも，ナマコ漁師たちは漁獲後に上陸し，伐採したマングローブでナマコを煮炊きし，乾燥させる。乾燥させるには数週間は必要である。操業期間

中の食糧は，大陸からも持参していたであろうが，蛋白質などはガラパゴスで自活する方が合理的である。漁民たちはゾウガメまでも食用するにいたったのであった。

　わたしの理解では，戦争をしかけたのは環境保護論者側である。もちろん，ナマコ資源が枯渇すれば，生物多様性もそこなわれる。ネズミやアリなどの移入種を持ちこむだけではなく，マングローブを伐採するなど，島の生態系を無秩序に撹乱する漁民は上陸させるべきではない（Camhi 1995；Powell and Gibbs 1995）。しかも，ガラパゴスのシンボルでもあり，環境保護運動のカリスマ的存在でもあるゾウガメまで捕獲するとあらば，当局も黙っているわけにはいかなかった。1992年8月に大統領令によってガラパゴスにおけるナマコ漁は禁止された。

　この問題を漁民側の視点から再考してみよう。ツーリズムが未発達であった1980年代前半までは観光業への大資本の参入もなく，研究者やマニアックな旅行者を相手に渡船やガイドなどで漁師たちもそれなりの収入を稼ぐことができていた。ところが，エコ・ツーリズムが注目されるようになると，粗末な漁船ではなく，近代的で快適な大型船が導入されるようになる。結果として漁業者たちはツーリズムから排除されるようになった（Stutz 1995）。しかも，観光旅行者が大枚を厭わないロブスターも，だんだん獲れなくなってきた。そんなときにナマコ需要がふって湧いたのである。しかもナマコは浅瀬に生息している。岩場を歩くか，ちょっと潜ればゴロゴロしている。それを拾いあげれば，まさに「濡れ手で粟」なのであるから，漁師たちが飛びつかないわけがない。

　突然の禁漁命令に納得しない漁師たちは密漁をつづけるかたわら，ガラパゴス出身の政治家やナマコ産業関係者たちと協力してエクアドル政府にナマコ漁の再開を懇願した。政府は資源量の捕獲調査として1994年10月15日～1月15日までの3か月間に55万尾の漁獲を許可した。だれにも正確な量は把握できていないが，2か月間で1000万尾が漁獲されたと推測され，事態を重視した当局は予定より1か月も早く操業をうちきった。このことに腹

をたてた漁民たちは，ダーウィン研究所を封鎖し，環境保護のシンボルであるゾウガメを質にとり（亀質！？），その殺戮をほのめかすことにより，政府をはじめ世界の環境主義者たちに抗議したのである。これが，ナマコ戦争の発端であるが，その後も漁民の蜂起は度々くりかえされており，その度にゾウガメは殺戮の危機に瀕している（ニコルズ 2007）。

1998 年，ガラパゴス特別法が制定され，漁業者，研究者，行政，環境保護論者，ツーリズムなど関係者らが協働して海洋環境を保全していく共同管理の枠組みが準備された。さまざまな問題をはらみつつも，現在，関係者たちは，保護一辺倒ではなく，持続的利用を模索している（Martinez 2001；Shepherd *et. al.* 2004；Toral-Granda 2005）。

エクアドル政府はガラパゴスにおける共同資源管理の体制をととのえる一方で，2003 年 8 月 *I. fuscus* をワシントン条約の附属書Ⅲに掲載し，海外への輸出の規制にのりだした。ワシントン条約とは，正式名称を「絶滅のおそれのある野生動植物の種の国際取引に関する条約」（CITES：Convention on International Trade in Endangered Species of Wild Fauna and Flora）といい，1973 年に米国のワシントンで成立したことから，日本ではワシントン条約として知られている（実効は 1975 年）。

エクアドル政府による *I. fuscus* の附属書Ⅲへの掲載とは前後して，2002 年にチリのサンチャゴで開催された第 12 回ワシントン条約締約国会議において，米国がナマコを附属書Ⅱに記載することを提案して以来（CITES 2002），ナマコの資源量をめぐる議論は現在も継続審議中である[3]。

3. ヌーベル・シノワーゼと刺参ブーム

ここでナマコ食文化の広がりと変化を考えてみよう。1602 年に編まれた『五雑組』という書物によると，「海参（ナマコ）は遼東（引用者注—遼寧省遼河以東の地域）の海浜でとれる。（中略）その性は体をあたため，血を補い，人参に匹敵するに足るものであるから，海参と名づけた」とある（謝 1998：90）。これが中国の文献における，乾燥ナマコの薬効についての初出である（Dai 2002：

21-23)。

　『五雑組』が上梓されて100年ちかくたった18世紀から19世紀にかけて，ナマコ料理は清朝の宮廷料理として爆発的に流行している。とはいえ，広大な中国のことである。北京料理と広東料理ではナマコの志向にも差異がある。北京料理で伝統的にもちいられてきたのは「遼東」に産するナマコ，すなわちマナマコ（*Stichopus japonicus*）の乾燥品である。それに対して広東料理では，熱帯産のチブサナマコ（*Holothuria fuscogilva*, 猪婆参）が嗜好されてきた。

　また，1765年に編まれた『本草綱目拾遺』の「海参」の項に，「有刺者名刺参無刺者名光参」とあるように（趙學敏1971：494），中国では刺のあるナマコを「刺参」，刺のないものを「光参」と総称する。ここでの「刺」とは，背面と両側部に縦列する，いわゆる疣足が保存されて硬く尖った突起となったものをさす。

　刺参の代表的産地は，『五雑組』でも「遼東」とされたように渤海湾から朝鮮半島沿岸，沿海州沿岸，日本列島沿岸に産するマナマコである。他方，光参は熱帯域で産出される。したがって，北京料理が温帯種のマナマコ（刺参）を，広東料理が熱帯種のチブサナマコ（光参）を好むのは，それぞれの産地に近いという地理的要因とも無関係ではない。

　とはいえ，太平洋から東南アジアにかけてみられる熱帯産ナマコのすべてが光参に分類されるわけではない。*Thelenota ananas*（バイカナマコ，梅花参）と *S. chloronotus*（シカクナマコ，方刺参）は刺参に分類されるし（赤嶺2003），ガラパゴスで問題となっている *I. fuscus* も刺参に分類される。

　刺参と光参の差異は，大きさにも顕著である。刺参は乾燥重量で30グラム以下のものがほとんどであるのにたいし，光参は乾燥重量で500グラムをこすものも珍しくない。原材料の大きさは，調理法や給仕法の差異として具現化する。たとえば，一般的に北京料理は小皿で個別に給仕されるのに対して，広東料理では円卓の中央に大皿で給仕されたものを，各自が切りとって食べる。この給仕スタイルの差異から，北京料理では小ぶりの刺参がもとめ

られ,逆に広東料理では大ぶりの光参に需要があつまることも,理にかなったものと解釈できる。

しかし,「伝統」は不変ではありえない。料理もファッションと同じく,はやりすたりがある。広東料理でも,北京料理風にナマコを小皿で給仕するようになってきたのである。もちろん,そこで使用されるのは,小ぶりな刺参であり,従来のチブサナマコが小皿に切りわけられたものではない。この現象は,「伝統」的な調理スタイルにこだわらず,積極的に他文化の料理の特徴を吸収していく新中国料理(ヌーベル・シノワーゼ)とよばれる広東料理の進化の一過程ととらえることができる(赤嶺2006)。

このような香港におけるヌーベル・シノワーゼ運動が,世界のナマコのうち,とくに(北海道やガラパゴスなどを産地とする)刺参の漁獲圧を高めたことは想像にかたくないが,刺参ブームは,香港以外の中華街にも伝播しつつある。たとえば,*I. fuscus* の主要な市場は,わたしが知るかぎりでは台湾と米国である。事例をあげよう。台北では,「美国刺参」(アメリカの刺参)として1キログラムあたり25,000円前後で売られていた(2006年3月)。アメリカと形容するのは,このナマコが米国経由で台湾に輸入されたからなのか,あるいは同種がメキシコからエクアドルに産するため,単に「アメリカ」と表現したかのいずれかであろう。また,ニューヨークの中華街で *I. fuscus* はキログラムあたり150米ドル程度で小売りされていた(2006年8月)。なかには「厄瓜多尔深海刺参」(エクアドルの深海で獲れた刺参)と丁寧に表記したものもあったほどである[4](写真8-1,写真8-2)。

4. 沖縄でのナマコ利用とシカクナマコ

世界で知られる1,200種ほどのナマコのうち,現在,食用に利用されているのは44種ほどである(CITES 2006)。温帯のナマコではマナマコを筆頭にオキナマコ(*Parastichopus nigripunctatus*),キンコナマコ(*Cucumaria frondosa*),ニュージーランドナマコ(*S. mollis*)などが利用されているにすぎない。他方,熱帯のナマコは多様であり,東南アジアから南太平洋にかけ

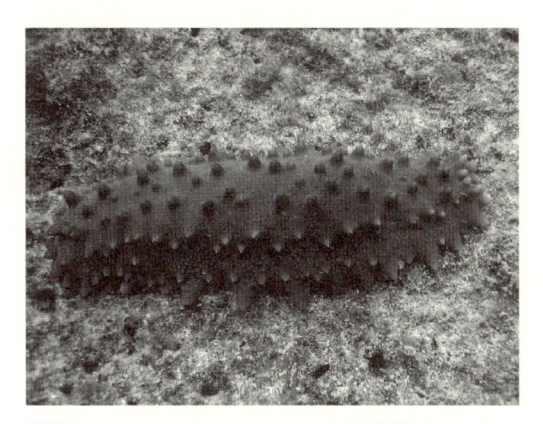

写真 8-1　*Isostichopus fuscus*。写真提供 Steve Purcell 氏（2007 年 11 月ガラパゴス諸島にて同氏撮影）

写真 8-2　ニューヨークの中華街で「エクアドルの深海で獲れた刺参」として売られていた *I. fuscus*（2006 年 8 月筆者撮影）

ての海域では少なくとも 30 種のナマコが乾燥品に加工されている（CITES 2006）。2002 年 9 月現在，フィリピンのプエルト・プリンセサでは 24 種のナマコが流通していたが，それらの価格はトップのハネジナマコがキログラム

あたり 40 米ドルしたのにたいして，最下位のパトーラ・ホワイト（白ニガウリ）とよばれるナマコの価格はわずか 0.2 米ドルであり，その差は 200 倍にもおよんだ（赤嶺 2003）。

　刺参と光参の違いは，実は価格面でも顕著である。刺参でもっとも高価なものは，北海道産のマナマコである。他方，光参でもっとも高価なものはハネジナマコである。インターネット上で小売り販売をおこなう安記海味有限公司のホームページによると 2007 年 10 月 20 日現在で最高級品は枝幸産のものでキログラムあたり約 105,000 円（7,000 香港ドル），ハネジナマコは 30,000 円（2,000 香港ドル）と 3 倍以上のひらきがあった[5]。

　もっとも日本産ナマコの価格が急騰したのは 2003 年以降のことである[6]。たとえば，1999 年 8 月の香港では，日本産マナマコの乾燥品はキログラムあたり 35,000 円程度と現在の 3 分の 1 程度の価格であり，ハネジナマコは 12,000 円程度が相場であった（赤嶺 2000）。

　このような経験から，熱帯産ナマコの価格は相対的に低いため，わたしは沖縄ではナマコの利用はみられないと考えていたし，沖縄の島じまを訪れた際に方々で訊ねてみても乾燥ナマコを目的として採取する例は見出せなかった。

　とはいえ，ナマコの利用例は散見できた。刺参の一種であるバイカナマコは通常，沖縄ではガジュマルとして知られているが，宮古群島の伊良部島・佐良浜の古老からは，このナマコを「中国人の食べるナマコ」という意味で「シナビトゥヌ・ファウ・スッツ」（唐人の・食べる・ナマコ）と呼び，昔は採取し，加工していたとの話を聞くことができた。ところが，バイカナマコは刺の加工がむずかしいといい，加工する人がいないため，現在は採集していないという。また，同じく宮古島の市内のスーパーでは湯がいたナマコを販売していた。すでに切り身で販売されていたため，種の同定は難しいが，ハネジナマコかフタスジナマコ（*Bohadschia vitiensis*）だと思われる（写真 8-3）。宮古島の狩俣地区では，大潮の時にはオカズ獲りとしてみずから海に出向くというオジイから，ニラと一緒にいためると美味しい，と聞いた。豚

写真8-3　宮古島で売られていた茹でナマコ（2006年8月筆者撮影）

のゼラチンも美味しいけど，ナマコのゼラチンはあっさりしていてよいのだという。また，那覇市の居酒屋ちゅらさん亭では，粟国島から湯がいたオオクリイロナマコ（*Actinopyga lecanora*）を冷凍したものを仕入れ，店でもどして炒めたり，酢ナマコとして給仕し，好評を博している。そして，沖縄市泡瀬の双葉中食では，クリイロナマコなどのナマコの粉末を麺に練りこんだ「しっきり麺」を製造してもいる（写真8-4，写真8-5）。

　沖縄の全島で調査をしたわけではないので断定はできないが，県の水産関係者の話を総合しても，近年まで沖縄ではナマコは未利用資源であったと言ってもよいであろう[7]。それは，本土のマナマコとことなり，熱帯産ナマコの価格が相対的に低かったため，割りにあわない，と判断されていたためである。

　ところが，近年の価格上昇をうけ，ビジネスとして採算があうようになってきた（赤嶺 2006）。その代表が，刺参に分類されるシカクナマコである。わたしが知るかぎりでは，このナマコの加工は 2005 年末にはじまっている。

　このナマコはシカクナマコと呼ばれるように四角ばっており，疣足も立っている。砂地や藻場の浅瀬をこのむナマコで，沖縄以南の熱帯域に生息する。

194　第8章　サンゴ礁域の多面的利用

写真 8-4　ちゅらさん亭の茹でナマコの酢の物（2006 年 8 月筆者撮影）

写真 8-5　双葉中食（2004 年 2 月筆者撮影）

英語ではグリーンフィッシュ（greenfish），沖縄ではクロミジキリなどというように深緑がかった色をしている。生の場合はそうでもないが，干した製品は，大きさといい，形状といい，わたしたちになじみのマナマコにそっくりである（写真8-6）。

シカクナマコの生息地は，モズクがこのむ環境でもある。実際，シカクナマコは，モズク養殖の網にはりつく害虫で，モズク漁師にとって網からシカクナマコをはずすのが一苦労であるらしい。

わたしがインタビューしたAさん（1967年うまれ）は，漁船を持つわけでもなく，干潮をみはからって車を走らせ，浅瀬を30分から1時間ほど渉猟するだけである。1時間にだいたい180～200尾の収穫がある。それを庭先で加工し，インターネット・オークションを利用して，1キログラム単位で売却している。

Aさんがシカクナマコの加工をはじめたのは，まったくの偶然である。遠洋漁業に従事していた父が，ソロモン諸島で台湾人がナマコの加工をしていたのを見て，沖縄でもできないか，とかれにすすめたのだという。

Aさんは，しかし専業漁師ではない。ふだんはフリーランスのケア・マ

写真8-6　北海道産のマナマコ（上）と沖縄産のシカクナマコ（下）

ネージャーとして働いている。だから週に1,2度,操業するだけである。当初はおもったとおりの価格で売れず,止めてしまおうかと考えたが,加工技術が向上するにつれ,キログラムあたり1万円でも買ってくれる客がでてきた。実際,在庫処分のつもりで妬けになって価格を1万円に設定したところ,翌日に注文が来てAさん自身がびっくりしたという。そして販売後も「クレームが来たらどうしよう」と不安であったが,それも杞憂におわった。

現在は,1～2か月ごとに1キログラムずつ購入してくれる顧客が複数名いる。そのなかのある顧客によると,「色と形が品質の決め手で,黒くて真っすぐで捩れのないものが理想的」といい,「刺もツンツンしたものがよい」のだそうだ。だからAさんは刺をなるべく立たせるように乾燥しているし,ステンレスで加工するとどうしても茶色っぽく仕上がるため,鉄釜をさがしたが,売っていなかったとAさんは悔しがっていた。

Aさんのもとには,問屋さんからトン単位で生産できないか,との問い合わせも舞いこんでくる。しかし,Aさんは自分にはそんなに多くのシカクナマコを獲って加工する能力はない,と断っている。それだけの量を獲ること自体,かなりの労働力を必要とするし,第一,そんなに採取したら小さな漁場の資源はどうなるのだろう,と心配するからである。2年近くシカクナマコを獲ってきたAさんは,資源量そのものが減っているとの印象はもっていないが,シカクナマコの大きさが小さくなってきたように感じている。もっとお金を稼ぎたいとは思うものの,丁寧に加工するからこそ良い価格で買ってくれる客がついてくれること,量で勝負するのであれば,圧倒的に人件費も安く,かつ資源量も多い東南アジアや南太平洋諸国の生産者たちと価格競争もおこなわなくてはならないことをAさんは自覚している。

品質管理に関していえば,Aさんは,しくじったB級品は現在のところ自家消費にまわしているが,B級品はB級品として廉価で販売するか,みずから戻して「戻しナマコ」として販売するかいなかを思案中である。県内の中国料理店もシカクナマコに関心を示してくれてはいるが,「戻すのに1週間程度が必要」ということで断られた経験があるからである。いずれにせよ,

資源の有効利用を心がけたい，という。

5. おわりに

以上，ナマコ戦争にいたった背景をヌーベル・シノワーゼの潮流によって刺激された刺参ブームと関連づけて説明し，その一環として沖縄でもシカクナマコの利用が2005年末からはじまったことを報告した。以下に本稿のまとめとして，ナマコ資源の開発と管理について考えてみよう。

シカクナマコは，これまでに沖縄で食されてきたハネジナマコやイシナマコ，フタスジナマコなどとことなり，地元で消費されることはない。オジイやオバアにしつこく訊ねてまわったが，シカクナマコが食べられるとはだれも考えていないようである。つまり，シカクナマコは乾燥ナマコに加工して初めて食材となるわけである。

Aさんによれば，日本産マナマコの乾燥品の価格が高くなりすぎたため，マナマコを敬遠した国内の中華料理店から，マナマコの代用品としてシカクナマコに注目があつまるようになったらしい。これが事実であれば，シカクナマコは輸出用というよりも，国内市場用ということになるが，実際のところはあきらかではない。というのも，香港の問屋さんも，積極的にシカクナマコをもとめているからである。

わたしがAさんと仮名をもちい，島名もふせるのには訳がある。Aさんの競合者はいまだでてきていないが，ナマコ・バブルの今日，いつ参入者がでてもおかしくない状況にあるためである。これまでのAさんの苦労を尊重し，詳細はあかさないことにしたのである。もっとも，資源があったとしても，すぐ活用できるわけではない。その理由として①加工の技術，②販売ルートの開拓，③取扱量の3点が考えられる。

たとえば，バイカナマコは大きすぎて刺をきれいに立たせるのはむずかしいことは先述したとおりであるが，山口県で乾燥ナマコを製造する加工業者によれば，2007年6月頃に沖縄県の業者からバイカナマコの加工を依頼してきたが，価格面で折り合いがつかず，断ったという。Aさん自身，より高い

付加価値をつけるため，いろいろと工夫してきた結果，自分でも納得できる価格で売ることができるようになったのである。

また，モノがあったとしても，販売ルートをもたなければビジネスは成立しない。Aさんの場合は，インターネットという時代の波に乗れたことが成功の要因だといえる。このことと関連してインターネット・オークションの場合，トン単位や100キログラム単位ではなく，1キログラム単位で販売できることも特徴的である。したがって顧客も問屋ではなく，必然的に小売店と料理人である（もっとも，インターネット・オークションという性質上，Aさんも顧客の詳細は知りえていない）。そして，少量を丁寧に加工するから，量で勝負してくる東南アジアや南太平洋との産地間競争にも対抗し，資源への過度な捕獲圧を回避できるのである。

兼業漁業としてAさんがケア・マネージャーのかたわら小規模にシカクナマコを採取するケースとガラパゴスのナマコ漁師たちを同列にあつかうことには無理があるかもしれない。しかし，Aさんのケースは，ナマコ食文化の多様性とその裾野の広さを物語る事例といえるであろう。

次に経済効果は別としてナマコ利用の効果を1点だけつけくわえておこう。それは，古老と青年との交流である。乾燥ナマコの加工にあたり，Aさん自身もいろんなオジイやオバアに昔のことを訊ねてまわったというように，新たにシカクナマコ事業を企画するB漁協では，青年部が中心となってかつてナマコ加工をおこなっていた古老たちの意見を参考にして，独自に技術の復興にとりくんでいる例もある。やや理想像にすぎるかもしれないが，「みんなで資源を利用していきましょう」というのだ。

「みんな」とは誰か？　漁業者のみをさせばよいのだろうか？　そうではないだろう。

ガラパゴスにしろ，沖縄にしろ，ツーリズムが主要産業であることはいなめない。だからといって，サンゴ礁から漁業者を排除するのではなく，サンゴ礁の保全と漁民の生活維持の問題について，観光客たちとともに議論する機会は提供できないものであろうか？　ガラパゴスの場合には，漁民たちが

より豪華になっていくツーリズムから排除されてきたことや，ロブスター漁からも締めだされたことなどが，今後の順応的管理の参考となるようにわたしは考えている。そもそも，ナマコならナマコ，ロブスターならロブスターと単一種の採取に特化することは危険である。漁民たちのツーリズムへの取り込みもふくめ，多様な資源を多面的に利用できる環境を整えていくことが必要なのではないだろうか。それには，老若男女の知恵の結集が必要だ。

エコ・ツーリズムをふくめた観光だけが，サンゴ礁湖（イノー）のもつ機能を独占してはならないはずである。観光産業の可能性をいたずらに過大視することなく，養殖をふくめた漁業の潜在力―イノーのもつ生産力―にも眼をくばるべきであろう。逆説的に聞こえるかもしれないが，サンゴ礁の危機が叫ばれている今日だからこそ，まさにサンゴ礁の多面的な利用がもとめられているのである。オジイやオバアとともに，浜ですなどることから，イノーのもつ潜在力を再評価していきたいものである。

注：
1) 本稿の前半は，すでに発表した赤嶺（2007；2008）をもとに構成し，後半にシカクナマコの事例を加筆したものである。
2) 2006年にはガラパゴスをふくむエクアドルからの輸入は記載されていないものの，2005年には12.7トン，およそ5,200万円を香港は輸入している。また，2006年に香港が輸入した乾燥ナマコのうち，日本からは320トン（128億円）であった。金額ベースでおよそ7割を日本産乾燥ナマコが占めるだけでなく，重量でも日本からの320トンは，同年に香港が輸入したパプア・ニューギニア（601トン），インドネシア（596トン），フィリピン（485トン）につぐ4位に位置するように，日本はナマコの輸出大国なのである。
3) 同条約では，絶滅の危機度に応じて生物を3段階に分類している。附属書Iには，絶滅のおそれがある種を掲載し，その数はおよそ800種をこえる。附属書Iに掲載された生物の国際商業取引は，学術目的を例外として原則禁止されている。附属書IIには，国際取引を規制しないと，いずれ絶滅のおそれが生じうる32,500余種が掲載されている。ただし附属書I記載種とことなり，輸出国政府が発行した輸出許可証があれば国際取引は可能である。附属書IIIは，締約国会議の議決を経ずに原産国が自由に記載でき，現在，300種あまりが指定されている。CITES事務局によるナマコに関する議論は，Bruckner (2006) を参照のこと。
4) 刺参か光参かは，分類者の主観によるところがおおい。たとえば，香港や台北などでみかけることはないが，日本の北陸地方ほかで産出されるオキナマコが，ニューヨークの中華街では「日本刺参」と表記され，キログラムあたり220～260米ドルで小売りされていた

(2006年8月)。
5) 安記海味有限公司（http://www.onkee.com/b5/index.html）は，香港で乾燥海産物問屋があつまるの南北行地区で1973年より操業する乾燥海産物の小売商である。2003年からインターネットで小売をおこなうようになった。
6) 香港の乾燥マナマコの価格は，この4，5年間で急騰している。その結果，日本でも最高級品を産出する北海道北部では，浜値が過去3年間で4，5倍になった（『北海道新聞』2006年7月1日）。そんな産地のひとつである利尻島の例を紹介しよう。わたしがはじめておとずれた2003年，830円ではじまった生鮮ナマコの浜値は，最高浜値の1,300円でシーズンをおえた。漁民は値崩れを心配したが，2005年も上昇をつづけ，2006年には2,800円，2007年には3,200円にまで急騰した。ちなみに，2001年と2002年の平均浜値は，それぞれ540円，736円にすぎなかったことからも，2003年以降のバブルをうかがうことができる。
7) 2007年3月9日付けの『琉球新報』（夕刊）には，「糸満市の沖縄中央魚類が2005年から乾燥ナマコの試作にとりくみ，2006年12月から2種を輸出するようになった」と報道されているが，残念ながら種名は不明である。

引用文献：

赤嶺　淳 2000.「熱帯産ナマコ資源利用の多様化―フロンティア空間における特殊海産物利用の一事例」,『国立民族学博物館研究報告』第25巻1号，国立民族学博物館，pp. 59-112.
――2003.「干ナマコ市場の個別性――海域アジア史再構築の可能性」，岸上伸啓編『先住民による海洋資源利用と管理』，国立民族学博物館調査報告46，国立民族学博物館，pp. 265-297.
――2006.「同時代を見つめる眼―鶴見良行の辺境学とナマコ学」『ビオストーリー』6，pp. 56-65.
――2007.「環境主義をこえて―利尻島にみるナマコ資源の自主管理」，秋道智彌編『資源人類学8―コモンズと資源』，弘文堂，pp. 279-307.
――2008.「刺参ブームの多重地域民族誌―試論」，岸上伸啓編『海洋資源の管理と流通』，明石書店，pp. 195-220.
Bremner, Jason and Jaime Perez 2002. A case study of human migration and the sea cucumber crises in the Galapagos Islands. *Ambio* 31 (4)：pp. 306-310.
Bruckner, Andrew W 2006. *Proceedings of the CITES workshop on the conservation of sea cucumbers in the families Holothuridae and Stichopodidae*. NOAA Technical Memorandum NMFS-OPRC June 2006. Washington, D. C.：NOAA, U. S. Department of Commerce.
Camhi, Merry 1995. Industrial fisheries threaten ecological integrity of the Galapagos Islands. *Conservation Biology* 9 (4)：pp. 715-724.
Castro, Lily R. S 1995. Management options of the commercial dive fisheries for sea

cucumbers in Baja California, Mexico. Beche-de-Mer Information Bulletin 7：p. 20.
CITES 2002. CoP12 Doc. 45. (http://www.cites.org/eng/cop/12/doc/E12-45.pdf)
——2006. AC22 Doc. 16. (http://www.cites.org/eng/com/AC/22/E22-16.pdf)
Conand, Chantal 1990. *The fishery resources of Pacific Island countries* part 2： *Holothurians*. (FAO Fisheries Technical Paper 272.2) Rome：FAO.
Dai Yifeng (戴一峰) 2002. Food culture and overseas trade：The trepang trade between China and Southeast Asia during the Qing Dynasty. In. D. Y. H. Wu, and S. C. H. Cheung (eds.) *The Globalization of Chinese Food*. (Anthropology of Asia) pp. 21-42. Honolulu：University of Hawai'i Press.
伊藤秀三 2002. 『ガラパゴス諸島―世界遺産・エコツーリズム・エルニーニョ』, 角川書店
Jenkins, M. and T. Mulliken 1999. Evaluation of exploitation in the Galapagos Islands, Ecuador sea cucumber trade. *TRAFFIC International Bulletin* 17 (3). (http://www.traffic.org/bulletin/archive/january99/galapagos/index.html)
Martinez, Priscilla C 2001. The Galapagos sea cucumber fishery：A risk or an opportunity for conservation? *SPC Beche-de-mer Information Bulletin* 14：pp. 22-23.
ニコルズ, ヘンリー (佐藤桂訳) 2007. 『ひとりぼっちのジョージ―最後のガラパゴスゾウガメからの伝言』, 早川書房
Powell, J. and J. P. Gibbs 1995. A report from Galápagos. TREE 10 (9)：pp. 351-354.
Shepherd, S. A., P. Martinez, M. V. Toral-Granda and G. J. Edgar 2004. The Galapagos sea cucumber fishery：Management improves as stock decline. *Environmental Conservation* 31 (2)：pp. 102-110.
Stutz, Bruce 1995. The sea cucumber war. *Audubon* (May-June 1995)：pp. 16-18.
Toral-Granda, Veronica M 2005. Requiem for the Galapagos sea cucumber fishery? *SPC Beche-de-mer Information Bulletin* 21：pp. 5-8.
Toral-Granda, Veronica M. and Priscilla C. Martinez 2004. Population density and fishery impacts on the sea cucumber (Isostichopus fuscus) in the Galapagos Marine Reserve. In Lovatelli, Alessandro, Chantal Conand, Steven Purcell, Sven Uthicke, Jean-Francois Hamel, Annie Mercier eds, *Advances in sea cucumber aquaculture and management*. FAO fisheries technical paper series 463. Rome：FAO, pp. 91-100.
謝肇淛 (岩城秀夫訳) 1998. 『五雑組 5』, 東洋文庫 629, 平凡社
趙學敏 1971. 『本草綱目拾遺』, 香港：商務印書館香港分館

(赤嶺　淳)

第9章　変容する鯨類資源の利用実態
―沖縄県名護ヒートゥ漁を中心として―

1. はじめに

　現在，日本でおこなわれている捕鯨活動は，① 遠洋鯨類捕獲調査活動，② 沿岸域鯨類捕獲調査活動，③ 小型沿岸捕鯨業，④ 突きん棒漁業・追い込み漁業，⑤ 定置網混獲の大きく5つに分類される（表9-1）。① は政府特別許可のもと，財団法人日本鯨類研究所（以下，鯨類研究所）が，南氷洋・北西太平洋の公海資源を捕獲対象とし，科学調査目的におこなっている非商業捕鯨活動である。捕獲された調査サンプルは，調査副産物として国内で流通・消費されている。② は，① 同様に，鯨類研究所が，釧路沖・三陸沖でミンククジラの捕食調査や鯨類が漁業に与える影響の分析等を目的に実施している非商業捕鯨活動である。一方，③，④ は国際捕鯨委員会（以下，IWC）規制外である小型鯨類を捕獲対象とした商業捕鯨活動で，② 同様に捕獲対象は自国200海里内の鯨類資源である。③ の小型沿岸捕鯨業は，農林水産大臣許可の下，北海道網走沖，函館沖，宮城県鮎川沖，千葉県和田沖，和歌山県太地沖の5箇所でおこなわれており，操業許可船が9隻，実際に稼動しているのは内5隻である。④ は県知事許可漁業で，追い込み漁業は，和歌山県，静岡県で，突きん棒漁業は，北海道，青森県，岩手県，宮城県，千葉県，和歌山県および沖縄県で実施されている（岩崎ほか　2002：59-61）。⑤ は，2001年の

表9-1　日本の捕鯨活動の概要

許可	政府特別許可		大臣	県知事	農水省令
生産者	日本鯨類研究所	小型沿岸捕鯨業		突きん棒/追い込み漁業	
漁場	南氷洋/北西太平洋	釧路沖/三陸沖		日本沿岸域	
目的	科学調査			商業	
種類	調査副産物			小型鯨類	定置網混獲分
生産品	冷凍鯨肉			生鮮鯨肉	

表 9-2 沿岸捕鯨活動の捕獲対象種・捕獲枠・捕獲頭数（2004 年暫定値）

	政府特別許可	農林水産大臣許可漁業		県知事許可漁業		
	小型沿岸捕鯨	捕獲枠	小型沿岸捕鯨	捕獲枠	追い込み	突きん棒
ミンククジラ	50[1]	—	—	—	—	—
ツチクジラ	—	62	62	—	—	—
マゴンドウ[2]	—	100	42	400	62	72
ハナゴンドウ	—	20	7	1,280	437	60
スジイルカ	—	—	—	725	554	83
バンドウイルカ	—	—	—	1,100	484	53
マダライルカ	—	—	—	950	0	2
オキゴンドウ	—	—	—	50	—	3
イシイルカ	—	—	—	17,700	—	13,789
合　計	50	182	111	22,205	1,549	14,059

注1）沿岸域鯨類捕獲調査の捕獲頭数は 2005 年より年間 120 頭に拡大されている。
注2）コビレゴンドウ・タッパナガを含む。
出所）（独）水産総合研究センター遠洋水産研究所「日本の小型鯨類調査・研究についての進捗報告」

省令の改正により，偶発的に定置網に混獲したひげ鯨類の捕獲をさす。表 9-2 は，上述した沿岸捕鯨活動の捕獲対象種，捕獲枠，捕獲頭数をあらわしたものであり，同一鯨種でも，規制主体や，漁法が違っているのが特徴である。

沖縄県の突きん棒漁業は，1989 年に海区調整委員会承認漁業制，2002 年に県知事許可漁業となり，6 隻が稼動している（2005 年）。捕獲対象種・捕獲頭数は，コビレゴンドウ 100 頭，オキゴンドウ 10 頭，バンドウイルカ 10 頭（2005 年）となっているが，2006 年より捕獲枠は減少傾向にあり，新規捕獲割当を申請中である。表 9-3 に捕獲頭数の推移をしめしたが，台風等の天候の影響を受け，捕獲頭数が大きく変動している。もともと沖縄県名護市では明治初期より昭和後期頃まで，専業漁民と地域住民の協働でヒートゥ漁と呼ばれる沿岸捕鯨活動がおこなわれていた。ヒートゥとは，コビレゴンドウ，カズハゴンドウ，バンドウイルカの 3 種類の小型鯨類をさし[1]，春先から初夏にかけて名護湾に来遊したこれらのヒートゥが追い込み捕獲され，主に地元を中心に流通し，地域住民により消費されていた。食料の乏しい昭和 30 年代頃

表9-3 沖縄県突きん棒漁業の捕獲対象種・捕獲枠・捕獲頭数 (単位：頭)

	捕獲枠(2004)	1999	2000	2001	2002	2003	2004
コビレゴンドウ	100	92	92	40	42	69	95
オキゴンドウ	10	8	8	0	4	3	1
バンドウイルカ	10	9	8	3	2	10	10

資料) 沖縄県農林水産部水産課

までは,畜肉(牛,豚,鳥,山羊等)類はまだ高価で裕福な家庭以外では通常は食することが出来なかったので,ピトゥ[2]への依存度は大きかった。」と地元郷土史[3]にあるように,ヒートゥ肉は,地域住民にとっては貴重な動物性タンパク源を提供してくれる日常食品の一つであった。地域資源であるヒートゥと地域とのつながりは密接であり,地域独自の食習慣やヒートゥ捕鯨文化を形成してきたといわれている。

　ヒートゥ漁が,名護湾内で専業漁民と地域住民により長年にわたって行なわれていた小規模沿岸捕鯨活動である一方,1950年沖縄県では,ザトウクジラ,マッコウクジラを捕獲対象とした大型沿岸捕鯨業が操業開始された。しかし,わずか14年後の1964年その操業は中止されたが,その原因は資源の枯渇と言われている(宮里　1988：54)。その後,1978年,本土の民間企業から小型鯨類であるヒートゥ肉注文等に起因し,ヒートゥ突きん棒漁業(以下,ヒートゥ漁)が開始した[4]。本土出荷を契機に,これまで安価であった小型鯨類のうち特にコビレゴンドウは,大型ひげ鯨の代替品として本土においてその商品価値が大きくなり高級嗜好品化した。その結果名護では,本土出荷すると採算割れとなるイルカ肉のみが主に流通消費されるようになり,名護地域での鯨肉流通量が減少した。

　以上のような鯨肉生産・市場流通をめぐる大きな変化は,沖縄県名護地域と鯨類資源の係わりに,どのような変化をもたらしたのであろうか。また,政策当局により調査捕鯨活動の捕獲頭数が拡大され鯨肉類製品の供給量拡大が推し進められているが,沖縄県突きん棒漁業の捕獲枠は資源の枯渇を理由

に 2006 年より減少傾向にある。これら施策にともなう鯨肉流通量の増加が，地域漁業である沖縄県突きん棒漁業にどのような影響を与えているのだろうか。沖縄県突きん棒漁業者や，地域と鯨類資源をとりまく環境変化が，両者にどのような影響を与えているのか解明する必要がある。しかし，その先行研究は乏しく実態があきらかにされていないことから，本研究は，鯨類資源と地域との係わりについて分析し，変容する鯨類資源の利用実態とその役割を浮き彫りにすることを目的としている。そのために以下2つの課題を設定した。

第1に，沖縄県突きん棒漁業の生産流通構造の変化とその問題点をあきらかにした。具体的には，生産活動について突きん棒漁業者から聞き取り調査を実施した。また，捕獲されたコビレゴンドウ，オキゴンドウとバンドウイルカの流通経路・市場価格の分析をおこなうため，産地仲買人，名護地域のスーパーマーケットでの聞き取り調査を実施した。さらに沖縄県突きん棒漁業者により捕獲された生鮮鯨肉の中央卸売市場での位置づけをあきらかにするため，8中央卸売市場における鯨肉取扱いの特徴と傾向を分類化した。

第2に，地元名護に供給される鯨肉生産物の，地域消費実態をあきらかにするため，名護地域住民を対象に鯨肉食に対するアンケート聞き取り調査を実施した。

また，最後にヒートゥ漁の将来の展望について，鯨類資源の多面的利用の視点から，地域社会におけるヒートゥ漁の存在意義とその必要性について検討を加えた。

2. 沖縄県突きん棒漁業の生産流通構造

1）捕鯨活動の概要

(1) 漁法

ヒートゥ漁とは，石弓漁業やパチンコ漁とも呼ばれ，鉄砲と呼ばれる銛の付いた発射器具を船首に取り付け，ロープで繋がれた銛を，30 m～50 m の射程距離から背びれ付近をねらって飛ばし捕獲する漁法である。火薬は使用さ

れない。銛はステンレス製で，長さは2.7m，銛につけられたロープの長さは200m，ロープの直径は5mm〜9mmで，遠くまで飛ばせるように軽量のものが使用される。一方，捕獲物を引き揚げる際に使用されるロープは比較的太くて丈夫な直径13mmが主に使用される。銛発射装置に使用されているゴムの直径は12mm〜13mm（50m巻）で，船により，鉄砲の形やロープの太さ等違いがみられ，各船それぞれ独自の工夫が施されている。現在使用されている発射装置は，地元紙にヒートゥ漁が掲載されたのをきっかけに，兵庫県の民間企業が洋弓のアーチェリー構造からヒントを得て考案し，地元の漁業者とともに改良を重ねた結果完成された[5]。捕獲のターゲットは商品価値の高い雄のコビレゴンドウである。同種は一度潜水すると30分〜1時間浮上しないうえ，次に浮上する位置の予測が難しい。しかし，一旦浮上すると30分〜40分浮上しているので，その間を狙うが，1頭を1日かけて追跡する場合もある。一方，オキゴンドウは，あまり潜水せず，浮上する位置の予測も比較的簡単であるため捕獲し易い。バンドウイルカの捕獲は，通常船と併走して泳ぐイルカを手銛で捕獲している。

(2) 捕鯨船

捕鯨船は，4.6〜9.8トンの小型船で，2隻は木造船，4隻はグラスファイバー船である。各船ともに，GPS，無線を備えており，魚群探知機，ソナーを装備した船もみられる。1隻あたりの乗組員数は，射手，操船兼探鯨者，ウィンチ担当（ロープを手繰り寄せる者）等2〜4名で，6隻のうち4隻の乗組員は家族や親族で構成されている。通常乗組員3人の場合，コビレゴンドウの捕獲・船上引き揚げまでの所要時間は約2時間，解体作業に約2時間，バンドウイルカの場合，解体作業に20分を要する。戦後，名護漁業協同組合（以下，名護漁協）が実施した沖縄近海ザトウクジラ漁[6]に従事していた漁業者の中には，現在の解体作業時に，当時使用していた長柄の大包丁を引き続き使用している者がおり，そのため素早い解体作業をおこなうことが可能である。なお，乗組員の高齢化が進んでいる船もみられる。

(3) 漁場

漁場は，南部地域と北部地域の大きく2つにわかれている。悪天候の続く2月から3月は，北部では伊平屋島，南部では久米島・渡名喜島等の比較的近場で操業されている。いずれの漁場へも，通常捕鯨船が係留されている名護漁港若しくは宜名真漁港より片道4～5時間の航海である。天候が安定する4月以降は，北部地域では，与論島・徳之島，南部地域ではタイキュウとよばれる宮古島付近まで片道12時間かけて出漁し，1航海の操業日数は最長4日間におよぶ。通常6隻は二手に別れ，お互いに携帯電話等で発見情報の交換をおこなったり，またイルカの餌であるソデイカ[7]漁業者から，目撃・発見情報を得たり，漁業者間の協力がみられる。

(4) 保存方法

捕獲から水揚げまでの鯨肉保存方法は，コビレゴンドウの場合，赤肉は塩と氷，白皮（脂部分。以下，白）の場合氷のみが使用され，日焼けによる変色を防ぐため船内で冷蔵保存される。氷を使用して冷蔵保存する場合，氷やけや部分的に肉が硬直する等品質にむらができる。そのため品質向上をめざし，シークーラーを装備している漁業者もみられる。一方，バンドウイルカの場合，氷のみで冷蔵保存される。

(5) 漁期

漁期は，2月から10月までの9か月間で，梅雨時・台風シーズンは出漁できない日が多く，実際の出漁日数は，年間150日（5か月）以下となっている。クジラ類の発見は船上より目視でおこなうため，ヒートゥ漁の成果は天候よりも波の状況に大きく左右される。漁業者は，休漁期や悪天候時は，延縄（メバル・カンパチ），定置網，ウニ漁を副業としておこない，また，今後つり船等遊漁船業開始を計画している漁業者も存在する。

(6) 操業コスト

漁業活動に要する主な操業コストは，A重油（3トン/月），潤滑油（50リットル/3か月），氷（3トン/1航海），食費（3万円/1航海）等であり，燃油高騰が漁業経営を圧迫している。発射装置に使用するロープ，ゴム等の漁業用

資材は名護漁協を通して仕入れられる。通常ロープは3年に1回，ゴムは3か月に1回の割合で取り替えられるが，使用されているゴムは特殊な商品で1,200円/mと高コストである。他に，漁業者自身が福岡市中央卸売市場へ鯨肉を空輸販売する場合，販売経費として航空運賃代（120～130円/kg）や箱・氷・陸上運送代等のコストがかかる（2006年3月）。

2) 流通経路と価格形成
(1) バンドウイルカの場合

捕獲・粗解体されたバンドウイルカ肉の流通経路を図9-1に示した。6隻のうち5隻の漁業者は，名護漁協敷地内にある屋外施設において，バンドウイルカの水炊き作業をおこなう。まず，粗解体された鯨肉は赤肉・白・内臓に分類され，皮付きのまま真水の入ったドラム缶に入れられる。ドラム缶一缶当たり，イルカ1頭分約150kgの鯨肉を茹でることが可能である。このドラム缶装置は6隻のうち1隻の漁業者が作成したものであるが，他の船も共有している。茹で時間は，個体・部位により差があり[8]，赤肉で平均約2時間，最長で8時間かかる場合もある。途中，灰汁とり作業や火加減調整，鯨肉が焦げ付かないようにかき混ぜる作業をおこなう。茹であがったイルカ肉は網にあげられ冷蔵庫等で30分ほど冷まされた後，一切れ300～500g大の肉片にカットされ，赤肉・白をまぜ1袋10～11kgになるように袋詰めされる。内臓は販売される場合もあるが，主に漁業者自身により自家消費されている。水炊きされたバンドウイルカ肉は産地仲買人から主にスーパーマーケットへ販売されるが，一部漁業者から直接居酒屋や知人等に販売・贈与される。

6隻のうち1隻の漁業者は，捕獲したイルカ肉を生のまま地元のA仲買人に委託販売している。この場合A仲買人は，一部を自社の加工所で水炊きして地元のスーパーマーケット，魚屋，居酒屋等に販売するが，一部を生鮮鯨肉として山口県や関西方面へ相対取引で販売している。この場合，地元のスーパーマーケットに対する販売価格の約2倍の価格で出荷している。

*バンドウイルカの流通経路

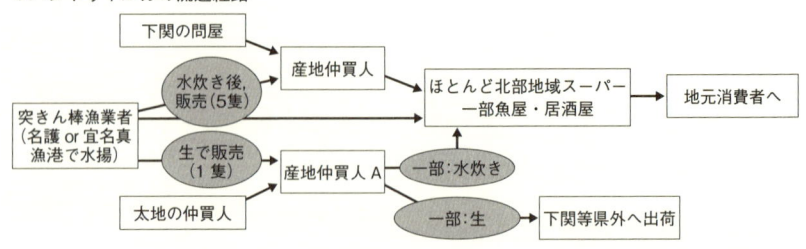

[図：突きん棒漁業者（名護or宜名真漁港で水揚）→ 下関の問屋／水炊き後、販売(5隻)／生で販売(1隻)／太地の仲買人 → 産地仲買人、産地仲買人A → ほとんど北部地域スーパー・一部魚屋・居酒屋／一部：水炊き／一部：生 → 地元消費者へ／下関等県外へ出荷]

*コビレゴンドウ・オキゴンドウの流通経路

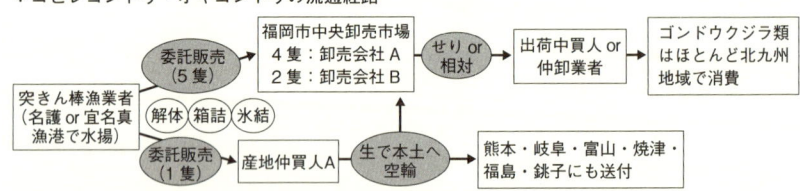

[図：突きん棒漁業者（名護or宜名真漁港で水揚）→ 委託販売(5隻)／解体・箱詰・氷結／委託販売(1隻)→ 福岡市中央卸売市場 4隻：卸売会社A／2隻：卸売会社B、産地仲買人A → せりor相対／生で本土へ空輸 → 出荷中買人or仲卸業者 → ゴンドウクジラ類はほとんど北九州地域で消費／熊本・岐阜・富山・焼津・福島・銚子にも送付]

出所）2006年，沖縄県と福岡市場での現地調査における漁業者，産地仲買人，福岡市中央卸売市場卸売会社，仲卸業者からの聞き取りにより筆者作成

図9-1 ヒートゥ肉の流通経路

　各船に捕獲された鯨類は，水揚げされた名護漁協鮮魚卸売市場でせり売り販売されることはなく，直接相対取引で産地仲買人等に販売されている。これは，突きん棒漁業が開始された時からの慣習で，各船には専属の仲買人がおり，新規取引業者の参入は非常に困難である。また，バンドウイルカ肉流通の特徴は，ゴンドウ類とは違い，ほとんどが地元で消費されていることである。休漁期等が原因でバンドウイルカ肉供給量が不足した場合，仲買人は，山口県下関市や和歌山県太地町からイルカ肉を仕入れて地元に供給しており，産地間取引をおこなっている。

　表9-4は沖縄県の主なスーパーマーケットの県内店舗数と，2つの仲買人の鯨肉販売先を表したものであるが，両社とも名護を中心とした北部地域のスーパーマーケットに販売しており，バンドウイルカ肉は，主に北部地域で消費されていることがわかる。仲買人が主にスーパーマーケットへ販売する

表9-4　仲買人の主なヒートゥ肉販売先スーパーマーケット

スーパー名	県内店舗数	ヒートゥ肉販売先店舗数	
		A 仲買人	B 仲買人
A	55	4（名護2，中部2）	―
B	69	4（中部）	6（名護4，金武1，本部1）
C	8	1（名護）	―
D	13	1（名護）	―
合　計		10	6

出所）2006年，各スーパーマーケットのHP又は電話照会，仲買人からの聞き取り調査により筆者作成．

　理由は，一括販売が可能なためである．バンドウイルカ肉に対する需要は地元の料理屋，居酒屋等の間でも強いが，これら各店舗の必要数量は小さく，要求部位もさまざまであるため，仲買人にとっては対応しづらい．そのため，販売先はスーパーマーケットや親戚・知人が経営する料理屋・居酒屋に限られている．その他の料理屋，居酒屋等は，通常スーパーマーケットで販売されているバンドウイルカ肉を購入している．ただし，名護市内に鯨料理専門店は存在しない．

　仲買人からスーパーマーケットへ販売されたイルカ肉は，スーパーの鮮魚部でスライス・パック詰めされ，鮮魚コーナーで販売されている．パックには赤肉・白の両方が入れられ，特に白の人気が高い．また，南氷洋等で捕獲された調査副産物である冷凍鯨肉や，本土でみられる尾羽雪（オバイケ）等の鯨肉加工品は販売されていない．

　名護市内のスーパーD店は，地元の仲買人2社よりイルカ肉を仕入れて店頭販売している．表9-5は販売価格をしめしたものである．水炊きされたバンドウイルカは炒め物用として，漁業者より仲買人に1,400～1,500円/kgで販売されている．なお，仲買人が水炊き作業する場合，バンドウイルカ肉は，漁業者から仲買人に500～600円/kgで販売される．次に仲買人から1,800円/kgでスーパーマーケットに販売され，店頭では2,500円/kgで販売される．同じ炒め物用のバンドウイルカ肉が別のスーパーマーケットで

表9-5　スーパーD店におけるイルカ肉販売価格

商品名	生産量/頭（平均）	卸売価格（円：/kg）（漁業者⇒仲買）	仕入先	仕入価格（円：/kg）	販売価格（円/kg）
炒め物用	300 kg	1,400（赤・白混）	90％：A 仲買人 10％：C 仲買人	1,800	2,500
さしみ用		未確認		2,500	3,500
煮付け用		未確認		1,000	1,500

出所）2006年，漁業者，仲買人，スーパーマーケットからの聞き取り調査より筆者作成。

は，3,490円/kgで販売されていた。さしみ用赤肉は，仲買人より2,500円/kgでスーパーに販売され，店頭で3,500円/kgで販売され，煮付け用鯨肉は，仲買人より1,000円/kgでスーパーに販売され，店頭で1,500円/kgで販売されている。

スーパーD店の粗利は約2～3割で，一日約3kgのイルカ肉が販売されている。しかし，休漁期等が原因で，2～3か月在庫切れする場合もみられるため，通常冷凍保存されている。水炊きされたバンドウイルカ赤肉は冷蔵庫で約1年保存が可能である。鮮魚担当者の話では，常に供給不足状態なので，ちらし等の広告宣伝はせず，また正面に並べるとすぐに売り切れるため，隅に並べているとのことであった。

名護地域住民に供給されるバンドウイルカの年間捕獲枠はわずか10頭で供給量が小さいうえ，例えば炒めの物用のイルカ肉は，約250～350円/100gの高価格で販売されている。果たして，名護地域住民にとってヒートゥ料理はどのように消費されているのか，後ほど，名護地域住民の鯨肉食習慣の実態をあきらかにする。

(2) コビレゴンドウ・オキゴンドウの場合

コビレゴンドウ・オキゴンドウ（以下，ゴンドウ類）の場合の流通経路は大きく2つにわかれる（図1）。第1の流通経路として，6隻のうち5隻は，捕獲，解体，箱詰め，氷詰めを漁業者自らがおこない，バンドウイルカ同様に水揚げされた名護漁協鮮魚卸売市場でせり売り販売することはなく，名護漁協を通して福岡市中央卸売市場へ生鮮鯨肉として出荷販売している。箱詰

めは，赤肉，内臓，頭，アゴ，ヒレ，くず等，部位別に分類され赤肉，白とともに福岡市中央卸売市場へ送付される。第2の流通経路として，残り1隻は，地元のA仲買人に委託販売し，A仲買人は漁業者と共同で粗解体した鯨肉の箱詰め，氷詰めを行う。A仲買人は他の漁業者同様，主に福岡市中央卸売市場へ生鮮鯨肉として空輸しているが，一部熊本・岐阜・富山・焼津・福島・銚子にも販売している。送付先である福岡市中央卸売市場では，E，F2つの卸売会社が存在し，6隻のうち4隻がE卸売会社，2隻がF卸売会社にそれぞれ送付し取引先が固定されている。福岡市中央卸売市場ではせり売り，若しくは相対取引で販売され，ゴンドウ類はほとんど福岡を中心とする北九州地域で消費されている。つまり，バンドウイルカが主に地元で消費されるのに対し，ゴンドウ類は高値がつく福岡市中央卸売市場へ出荷され，名護の地元ではほとんど消費されていない。ただし，福岡市中央卸売市場へ送付してもコスト割れの可能性がある場合は，地元のスーパーマーケット等に販売される。

　これら福岡市場へ送付されたゴンドウ類は部位別に10kg前後のケースに入れられ，原則としてせり売り販売される。せり落とした仲卸業者は場内店舗で，10kgの塊を利用しやすいようにさらに小さく2kg大に切り分けて，魚屋，すし屋，料理屋，鯨専門店，スーパーマーケット，同業者，量販店納入業者等の買出人に販売している。これら買出人は，60％が福岡県内，40％が福岡県外に籍をもち，買出人から福岡を中心としてさらに遠隔地へ出荷される。また，品質や供給量等によりせり売りすると産地浜値を下回ると予想される場合は，値崩れ防止のため，鹿児島，宮崎，熊本県等の遠隔地取引者に相対取引で販売される。また，遠隔地なため，せりに参加できない場合も同様に，相対取引で販売される。

　福岡市中央卸売市場へ出荷される1頭当たりのコビレゴンドウの鯨肉量は，平均約1トン，卸売価格は，赤肉で平均2,000円/kg，白で平均800円/kgでせり売り若しくは相対取引で販売されている。尾身等の高級素材は，平均10,000円/kgの高値で取引されている。次にオキゴンドウの鯨肉量は，

平均500 kg/頭，卸売価格は約1,500円/kgである。
(3) ゴンドウ類の流通構造の変化
　ゴンドウ類の流通構造には大きく2つの変化があった。1つは流通経路の変化である。名護から福岡市中央卸売市場への出荷は1990年頃に開始した。それまでは，地元の仲買人に直接相対取引で販売され，地域消費に依存していたため，名護地域で消費しきれない場合，特に安値で取引されていた。しかし，福岡市中央卸売市場への出荷開始以降，ゴンドウ類はコスト割れしない限りすべて福岡市中央卸売市場へ出荷され，現在地元ではほとんど流通・消費されていない。
　次に出荷当事者の変化があげられる。福岡取引開始当初，6隻すべての漁業者は，A仲買人を通して福岡市中央卸売市場へゴンドウ類を出荷していたが，現在この仲買人に委託販売しているのは1隻のみである。他の5隻は，形式的には漁協を経由した販売を行っているが，実質的には漁業者自身による販売に近く，これまで漁撈のみをおこなっていた漁業者が，福岡市中央卸売市場送付のノウハウを身に付け自立性が高まったこと，また価格面で，漁業者自身で送付したほうが有利である等の理由による。しかし，漁業者自身で送付する場合，出荷先は福岡市中央卸売市場に限られており，販路が狭隘であると指摘できる。
　一方，仲買人を通すメリットは，第1に福岡市中央卸売市場以外の販売先を確保していることである。本土にも取引先をもつA仲買人は全国の中央卸売市場へ鯨肉サンプルを送付し，現在の取引先を確保した。第2に，供給量や品質によりせり売りすると値崩れが予想される場合，仲買人は，相対取引で先売りする等状況に応じて有利な取引手段を選択している。
(4) ゴンドウ類の価格形成の問題点
　福岡市中央卸売市場へ出荷されるゴンドウ類の価格形成の特徴として，第1に，出荷先の福岡市中央卸売市場では原則としてせり売り販売されるため，品質（鮮度・脂・色・血抜きの状態）・供給量（南氷洋産等の冷凍調査捕鯨副産物や，太地産・鮎川産の生鮮鯨肉）に応じ価格が大きく変動することがあ

げられる。

　第2に，近年調査捕鯨拡大にともなう鯨肉流通量の増加で，生鮮鯨肉価格が低迷している。2006年より，南氷洋でのミンククジラ捕獲頭数がこれまでの440頭から853頭に増加し，南氷洋捕獲調査副産物である冷凍鯨肉が市場に流通開始した同年6月に福岡市中央卸売市場では，コビレゴンドウ赤肉が800～1,000円/kgの低価格で取引されていた。福岡市中央卸売市場では，卸売会社による遠洋調査副産物である冷凍鯨肉は取り扱われていないが，仲卸業者等は場外取引で冷凍鯨肉を仕入れているため，生鮮鯨肉の市況にも影響がみられる。また生鮮鯨肉と冷凍鯨肉間，さらに生鮮鯨肉間でも品質・価格競争がすすんでいる。

　第3に，コビレゴンドウは冷凍製品として流通できないため，冷凍鯨肉や，生鮮ミンクに比べ汎用性が低くそのため価格競争力が弱いと指摘できる。これら3つの要因が，漁業経営を不安定にさせている。

3）生産者の取り組み

　2005年，突きん棒漁業者全員を会員とする「名護イルカ漁研究会」が発足した。設立の目的は，突きん棒漁業者間の結束とルールづくりである。設立の経緯は，操業中1頭のクジラ（イルカ）をめぐって船同士が争奪する場面が度々起こり，これまで漁業者間で暗黙の取り決めは存在していたが曖昧なものであり，はっきりしたルールづくりの必要性が認められたため，また，他種漁業との競合関係の調整も必要になったためである。例えば，最初の発見者が銛を打つまで他の船は待つ等の取り決めや，新規捕獲枠の申請等，名護イルカ漁研究会が行ない，発見情報の交換もおこなっている。また，漁業者は，DNAサンプルやあごの部分を沖縄県水産課に提出し，鯨類資源調査にも協力している。

　また突きん棒漁業者の中には，冷凍とは違う生鮮という特徴を生かし，捕獲した鯨生産物の品質向上をめざした動きも見られる。太地産・鮎川産・沖縄産のゴンドウ類が集中している福岡市中央卸売市場の鯨肉価格決定要因

は，あくまでも，鮮度と脂ののりであり，未だ鯨肉産地ブランドは形成されていない。そのため，捕獲から福岡市中央卸売市場へ送付されるまでの鮮度・品質の劣化をいかにふせぐかが高値販売のポイントとなる。沖縄県突きん棒漁業者の中には解体スピードの迅速化を図り，捕獲から水揚げまでの保存方法について，シークーラーを装備して品質の維持を図ろうとする船もみられるようになった。この場合，価格形成は産地というより，特定船により捕獲された鯨類に対する個別ブランド化の動きにつながっている。

3. 中央卸売市場における鯨肉取扱いの特徴

沖縄県名護で捕獲された生鮮鯨肉の流通構造をあきらかにするために，まず中央卸売市場における冷凍・生鮮鯨肉取扱いの特徴と傾向を分析する必要がある。中央卸売市場で取扱われる冷凍鯨肉と生鮮鯨肉は，取引形態や価格形成が異なるものの相互に影響を及ぼしあっていると考えられるからである。本節では8市場における冷凍・生鮮鯨肉取扱いを分類化し，沖縄県名護で捕獲された生鮮鯨肉の市場での位置づけをあきらかにしたい。

日本国内の中央卸売市場で取り扱われている鯨肉類生産物は，① 南氷洋・北西太平洋で捕獲された冷凍調査副産物，② 釧路・三陸沖において捕獲された調査副産物，③ 小型沿岸捕鯨業により捕獲された小型鯨類，④ 突きん棒漁業・追い込み漁業により捕獲された小型鯨類，⑤ 定置網混獲分，⑥ 冷凍鯨肉加工製品である。①，② の調査副産物の販売業務は，それぞれ鯨類研究所から委任された共同船舶株式会社と日本小型捕鯨協会がおこなっており，各市場に対する配分量は主に両者の意思決定と各市場のニーズに応じて配分されている（Endo & Yamao 2006；遠藤・山尾 2006）。

図9-2は，仙台市中央卸売市場，大阪市中央卸売市場，名古屋市中央卸売市場，広島市中央卸売市場，大分市中央卸売市場，福岡市中央卸売市場，横浜市中央卸売市場，東京都中央卸売市場築地市場（以下，築地市場）における，冷凍・生鮮鯨肉の取り扱い数量の推移をあらわしたものである。冷凍鯨肉では仙台市中央卸売市場が取り扱い数量を増加させている。生鮮鯨肉で

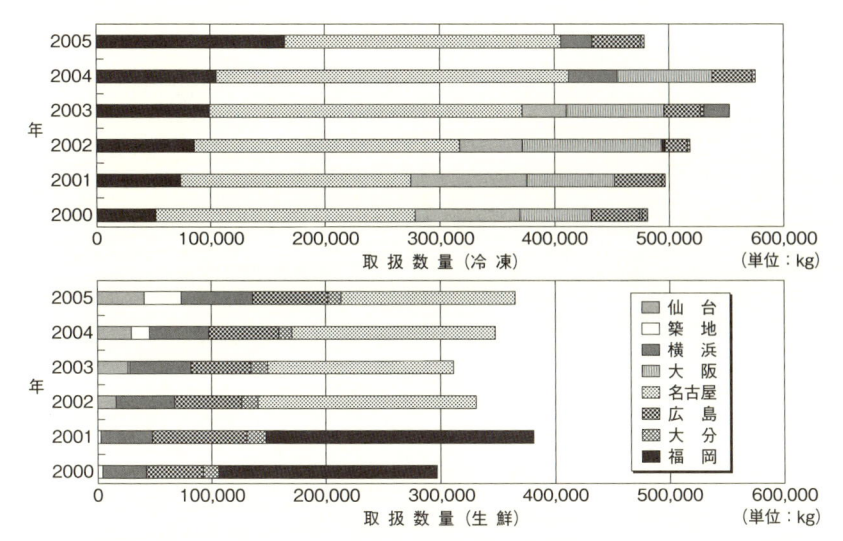

注）2005年の大阪分のデータなし。また，広島分の冷凍鯨肉取扱数量は概算額である。
出所）仙台市経済局中央卸売市場管理課，大阪市水産物卸協同組合広報課，愛知県農林水産部園芸農産課市場・米穀流通グループ，広島市中央卸売市場，大分市中央卸売市場市場課，福岡市農林水産局中央卸売市場鮮魚市場，横浜市経済観光局中央卸売市場本場経営支援課取引指導係，東京都中央卸売市場築地市場水産農産品課水産業務係

図9-2　8中央卸売市場における冷凍・生鮮鯨肉取扱数量の推移

は，福岡市中央卸売市場が圧倒的にその取り扱い数量が大きく，仙台市中央卸売市場もその取り扱い数量を着実に増やしている。各市場の取扱数量に関する資料と，卸売会社，仲卸業者からの聞き取り調査をもとに，8市場の動向を次のように4つのグループとして類型的に把握した（図9-3）。すなわち，①冷凍・生鮮ともに取扱い拡大型の仙台市中央卸売市場，②冷凍・生鮮ともに取扱い停滞型の大阪・名古屋・横浜・築地市場，③冷凍，生鮮ともに取扱い縮小・停止型の広島・大分市中央卸売市場，④生鮮取扱い専業型の福岡市中央卸売市場，である。以下では，各類型ごとに鯨肉取扱いの特徴を述べる。

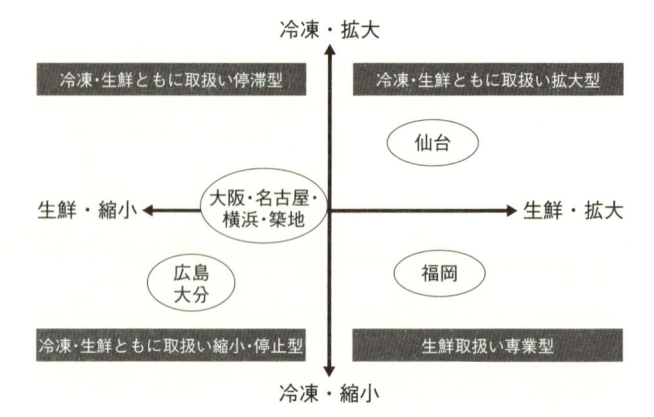

出所）8市場における卸売会社・仲卸業者への聞き取り調査により作成。
図9-3　8市場における冷凍・生鮮動向の4分類型

1）冷凍・生鮮ともに取扱い拡大型の仙台市中央卸売市場

まず，冷凍・生鮮ともに取扱いが拡大している仙台市中央卸売市場において，冷凍鯨肉取扱いに積極的な理由として，冷凍鯨肉は，その生産量が大きく，大量流通販売が可能で汎用性が高く扱いやすいこと，また首都圏の大型消費地市場への転送増加も理由の一つにあげられる。仙台市中央卸売市場の卸売会社仙都魚類株式会社は，『冷凍くじらの販売強化提案書』を作成し，積極的に消費拡大にとりくんでいる。さらに，本来なら冷凍鯨肉は卸売会社から仲卸業者に対し，相対取引で販売されるが，仙台市中央卸売市場では冷凍鯨肉を解凍後，生鮮鯨肉と同じようにせりをとおして販売する試みが2005年よりスタートした。これは，販路を拡大する，というねらいが含まれている。しかし，解凍コストを上乗せした冷凍鯨肉が，品質・価格面で生鮮鯨肉に対抗できるか，という課題が残されている。一方，卸売会社が生鮮鯨肉の取扱いに積極的な理由として，もともと仙台地域に鯨肉食習慣があり，モラトリアム以降，生鮮鯨肉の取り扱いをほとんど停止していたが，2001年省令の改正で混獲分の鯨肉販売が可能となると，すぐにその消費・需要を回復し

た．生鮮鯨肉取り扱いの開始で，冷凍鯨肉の売れ行きが悪くなる，という現象もみられたが，通常仲卸業者は，両方抱き合わせで買っていくため，相乗効果も期待されている．また生鮮鯨肉のうち，ミンククジラがブランド化されていて，平均約3,400円/kgの高価格で取引されている．しかし，福岡市中央卸売市場で取り扱われているようなゴンドウ類の取り扱いは全くない．

2）冷凍・生鮮ともに取扱い停滞型の大阪・名古屋・横浜・築地市場

次に，冷凍・生鮮ともに取扱いが停滞型の大阪・名古屋・横浜・築地市場[9]では，冷凍鯨肉の取扱いが停滞している大きな理由として，鯨肉需要の低下があげられる．これは，鯨肉が高値で，一般消費者の手が届く食品ではなくなったこと，食べ慣れない世代が増えたこと，また鯨肉の調理方法が困難等のために消費者が購入をためらうこと，等の理由によるものである．一方，市場側が鯨肉を積極的に扱わなくなっている理由のひとつに，冷凍鯨肉がもつ特異な商品特性があげられる．鯨類資源の調査研究を目的に捕獲される鯨類は，調査サンプルとしてその1頭ごとの品質が大きく異なり一定していない．しかし，鯨類研究所による価格設定は，品質の違いを反映させておらず，同一価格で販売するのを原則としているため，扱いが難しい商品になっている．大阪市中央卸売市場では鯨肉取扱仲卸業者で組織された「鯨互会」が存在するが，その会員数は戦後の約30社から7社（2005年）に激減している．生鮮鯨肉の取り扱いが停滞している理由として，生鮮鯨肉は生産量が小さく，品質により価格が大きく変動するため取引のリスクが大きいこと，そのため消費者に安定して供給することが困難であること，また生鮮鯨肉の希少価値は高いが，将来供給量が増加した場合価格が下落する可能性が大きいこと等があげられる．

3）冷凍，生鮮ともに取扱い縮小・停止型の広島・大分市中央卸売市場

冷凍・生鮮ともに取扱い縮小・停止型のうち，大分市中央卸売市場で冷凍鯨肉の取扱いを停止している理由として，第1に需要が低下していること，

第2に冷凍鯨肉は販売まで在庫管理を要し，冷凍保存コストがかかること，第3に少量であれば，近隣の大規模消費地市場より集荷した方が有利であること，があげられる。一方，生鮮鯨肉取り扱いに消極的な理由として，生鮮鯨肉のミンククジラは高値であり，集荷が困難である。そのため，集荷力の弱い市場は比較的価格の安い混獲分のゴンドウ類の取り扱いにかぎられてしまう。広島市中央卸売市場の理由は，生鮮鯨肉の食習慣がなく，消費・需要はほとんどないためである。

4）生鮮取扱い専業型の福岡市中央卸売市場

福岡市中央卸売市場は大規模消費地市場であると同時に，国内，中国，韓国産水産物が水揚げされる産地市場でもある。そのため鮮魚の取扱いが多く，鯨肉に関しても，卸売会社は，遠洋調査副産物である冷凍鯨肉の取扱いはおこなっておらず，生鮮鯨肉のみを取り扱っている。冷凍鯨肉を取り扱わない理由は，すでに上述した他の市場と同じ理由によるものである。

取り扱われる生鮮鯨肉の種類は，①釧路・三陸沖において捕獲された沿岸調査副産物，②小型沿岸捕鯨業により捕獲された小型鯨類，③突きん棒漁業・追い込み漁業により捕獲された小型鯨類，④定置網混獲分である。福岡市中央卸売市場では，出荷仲買人10社，仲卸業者39社，売買参加者約340社，合計約386社のうち約20社が生鮮鯨肉を取り扱う（2007年3月）。

①の沿岸調査副産物とは，4月から5月にかけて三陸沖，9月から10月にかけて釧路沖で，それぞれ60頭ずつ捕獲されるミンククジラをさす。これら沿岸調査副産物販売については，南氷洋・北西太平洋で捕獲された冷凍調査副産物同様に，鯨類研究所が水産庁指導のもと定めた，「鯨類捕獲調査事業の生鮮副産物の処理販売要領」において販売方法等が暫定的に決定されている。調査副産物である生鮮ミンククジラの販売業務は鯨類研究所から委託を受けた日本小型捕鯨協会が，鯨類研究所に適当と認められた全国の卸売市場に配分・出荷している。②は，北海道網走沖，函館沖，宮城県鮎川沖，千葉県和田沖，和歌山県太地沖で捕獲されたゴンドウ類（マゴンドウ，タッパナ

ガ，ハナゴンドウ）とツチクジラをさし，福岡市中央卸売市場ではこれらすべてが取り扱われている。③のうち福岡市中央卸売市場で取り扱われるのは，和歌山県太地町で追い込み漁・突きん棒漁業で捕獲されたゴンドウ類（マゴンドウ，ハナゴンドウ）と，沖縄県名護市の突きん棒漁業により捕獲されたゴンドウ類（コビレゴンドウ，オキゴンドウ）である。④は，2001年の農水省令の改正により，定置網に混獲した鯨類の販売が一定条件のもと可能になったため市場流通を開始した鯨肉であり，福岡市中央卸売市場では，対馬，大分県，鹿児島県海域で混獲したミンククジラが主に取り扱われている。以上，福岡市中央卸売市場では，ほぼ1年にわたり生鮮鯨肉が取り扱われている。

図9-4は，生鮮鯨肉を扱っている仙台市中央卸売市場と福岡市中央卸売市場における生鮮鯨肉の平均価格の推移をあらわしたものである。2005年仙台市中央卸売市場での平均価格は，約3,400円/kgで価格は下落傾向にあり，福岡は仙台市中央卸売市場平均価格よりもさらに低く1,500円/kg前後で推移している。これは，仙台では，高価格なミンククジラが扱いの中心であるのに対し，福岡では，あらゆる種類の鯨種が取り扱われているため，平均価

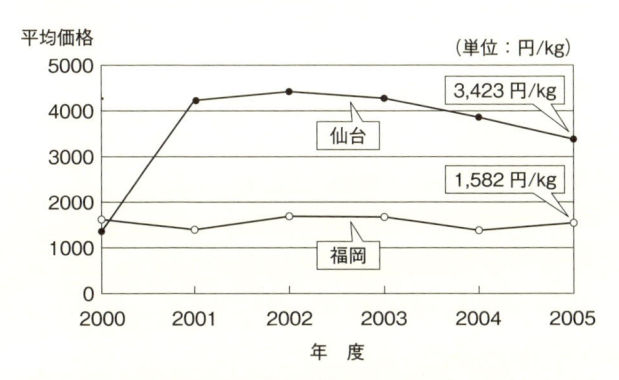

出所）仙台市経済局中央卸売市場管理課，福岡市農林水産局中央卸売市場鮮魚市場

図9-4 仙台市・福岡市中央卸売市場における生鮮鯨肉の平均価格の推移

格が仙台市中央卸売市場に比べて全体的に低くなっていると考えられる。また，福岡市中央卸売市場では，ミンククジラ赤肉が2,000〜5,000円/kgで取引されるのに対し，ゴンドウ赤肉は，2,000〜6,000円/kgで取引され[10]，ミンククジラよりも人気が高いのが特徴である。これは，福岡県を中心とする九州地方でゴンドウ類の消費需要が高いためで，ゴンドウ類の赤肉はさしみ用として生で消費されたり，塩漬け加工された塩クジラとして消費される。一方，ミンククジラは一旦冷凍保存され，全国へ向けて出荷される傾向がある。これは，ゴンドウ類が冷凍すると色が黒く変色し，商品的価値が下がるが，ミンククジラは長期冷凍保存が可能で汎用性が高いという特徴によるものである。

また福岡市中央卸売市場へは，鮎川産，太地産，沖縄産の生鮮ゴンドウ肉が集中し，これらは品質・価格ともに競合関係にある。しかし，すでに述べたとおり，ゴンドウの産地別（沖縄産，太地産，鮎川産）の地域ブランドは未だ形成されておらず，価格はあくまでも品質（鮮度，脂，色，血抜きの状態）や供給量で決定されている。さらに，福岡市中央卸売市場では，卸売会社による冷凍鯨肉の取扱いはおこなわれていないが，冷凍調査副産物が全国の市場に出回る時期には，生鮮鯨肉の価格が低下するという減少がみられる。

4. ヒートゥ鯨肉消費の実態

1）アンケートの概要

ヒートゥ漁業者により捕獲されたコビレゴンドウとオキゴンドウは，ほとんど福岡市中央卸売市場をメインとする本土に出荷され，名護地域では流通・消費されていないことをあきらかにした。名護の地元で消費されているのは主にバンドウイルカであるが，これは年間捕獲枠10頭と供給量は極めて少ない。しかし，産地仲買人は，休漁期等で供給不足の場合，山口県下関市や和歌山県太地町からイルカ肉を仕入れ，名護を中心とする北部地域のスーパーマーケットに販売供給している。一方，販売価格は，ボイル・スライスされたバンドウイルカ肉が，店頭で2,500円/kgと鶏肉や豚肉に比べる

とかなり高い。明治初期頃より、ヒートゥ肉食習慣を持つ名護地域住民にとって、供給量が少なく高価格なヒートゥ肉はどのように消費されているのだろうか。ここで、鯨肉食品の地元消費の側面に注目し、名護地域住民の鯨肉の消費実態をアンケート調査結果によりあきらかにする。

アンケートは名護市内のスーパーD店の鮮魚コーナーにおいて実施した。名護市の人口58,725人[11]のうち、D店のあるK地区の人口は9,209人であり、D店の近くには、大型スーパーマーケットやスーパーA店等がみられる。D店の一日の平均来店客数は約1,700人[12]で、名護市内A仲買人のヒートゥ肉販売先の一つである。A仲買人は10箇所のスーパーマーケットにヒートゥ肉を販売しているが（表9-4）、そのうち3/4をD店に販売していることから、鯨肉の販売量が多い店舗と想定されるためアンケート実施店舗に選択した[13]。回答者の属性（図9-5）は、男性14名、女性36名、合計50名で、年齢別では、20代が7名、30代が2名、40代が9名、50代が17名、60代が5名、70歳以上が10名で、50代が一番多かった。

最初に、「今までヒートゥ料理を食べたことがありますか」（図9-6）、という質問に対し、8割以上の回答者が食べたことがある、と答えており、また、20代の回答者のうち食べたことがある人が7割以上いた。つまり、年代にかかわらず食べた経験がある人が多数を占めた。質問2（図9-7）では、ヒートゥ料理が好きかどうか質問した結果、「大好き」、「好き」をあわせると、半数近い回答者が好きであったが、「きらい」、と答えた人も21％存在した。年代別では、各年代に、それぞれ好き、嫌いが存在し、年代は特に関係していなかった。

質問3（図9-8）は、ヒートゥ料理を食べる頻度について質問した。回答の多い順に、「ほとんど食べない」48％、「年1回」21％、「半年に1回」14％となり、「ほとんど食べない」人が半数近くを占めた。つまり、ヒートゥ料理は頻繁に食べられる日常的な食品ではない。質問4（図9-9）で、「以前と比べて食べるようになりましたか？」という質問に対し、「いいえ」と答えた人が一番多く74％（31人）を占めた。逆に、「どちらともいえない」、「はい」と

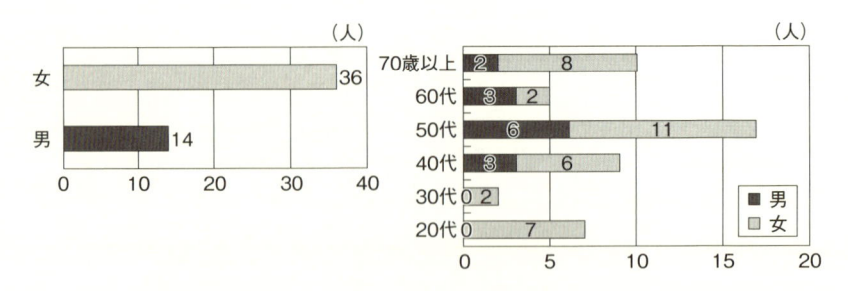

224　第9章　変容する鯨類資源の利用実態

注）アンケートは，名護市内スーパーD店で，AM10:00〜PM7:00間に，鮮魚コーナーに来た買物客50名を対象に，本人がアンケート項目を聞き取り，その場で記入する方法で実施した．

図9-5　回答者の属性

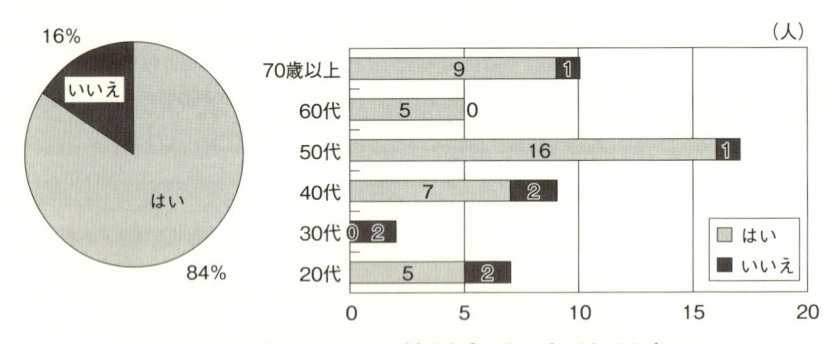

図9-6　Q1：今までヒートゥ料理を食べたことがありますか？

回答した人がそれぞれ14%（6人），12%（5人）存在した。「いいえ」と回答した31人のうち，食べなくなった要因（図9-10）として，1．最近あまり売っていないから（14人），2．高いから（10人），2．好きではないから（10人），の順で回答が多かった。つまり，供給不足と高値が原因で，ヒートゥ料理は以前と比べて食べられていなかった。他に，「調理方法がわからない」，と答えている人もおり，ヒートゥ肉を食べ慣れない世代が増加している。また，茹で方にむらがある等，商品の品質が一定ではないので買うのをやめた人や，「他に食べ物があるのでわざわざヒートゥ肉を買う必要がない」，と答えた人

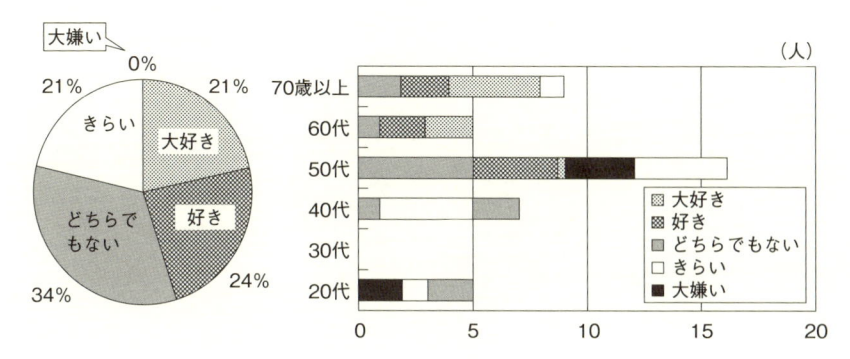

図 9-7　Q2：ヒートゥ料理は好きですか？

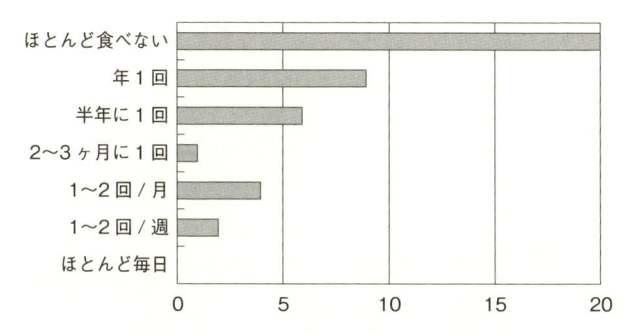

図 9-8　Q3：ヒートゥ料理を食べる頻度は？

もいた。中には，「イルカは見るもので食べるものではない」，という捕鯨そのものに否定的な回答もみられた。

　一方以前と比べて食べるようになった人も少なからずいたが，食べるようになった要因として，「栄養価が高く身体に良いから」と答えた人が一番多く，神経痛，関節炎，喘息に効くので薬として買う，と答えた人もいた。ヒートゥ漁業者によると，他に腸内掃除や便通促進効果があるといわれ，ヒートゥ肉は身体に良い食品として認識されていた。

　質問 5（図 9-11）では，ヒートゥ肉価格について，「とても高い」，と「高

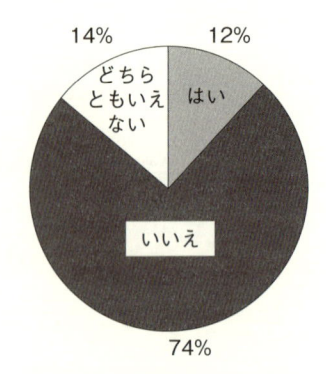

第9章　変容する鯨類資源の利用実態

図9-9　Q4：以前と比べて食べるようになりましたか？

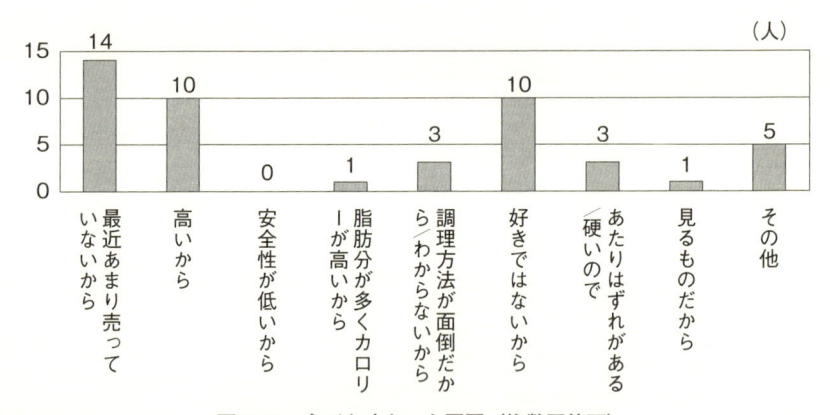

図9-10　食べなくなった要因（複数回答可）

い」と答えた人があわせて64％に達し，全体の6割以上の人がヒートゥ肉販売価格を高いと思っていることが判明した．次に質問6（図9-12）「ヒートゥ料理をどこで食べますか」という質問に対し，8割以上の回答者が「家庭」と答えており，ヒートゥ料理が家庭料理であることがわかる．

質問7（図9-13）では，どんなヒートゥ料理を食べるのか，またあわせて

227

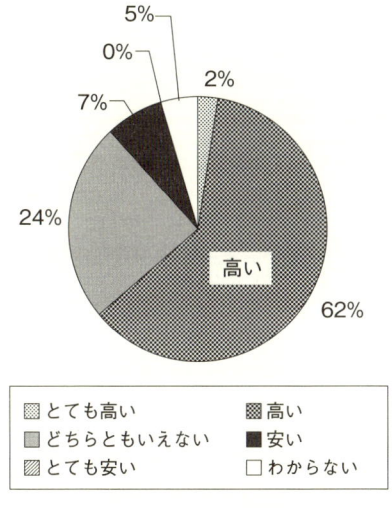

```
■ とても高い      ■ 高い
■ どちらともいえない  ■ 安い
■ とても安い      □ わからない
```

図9-11　Q5：ヒートゥ肉価格についてどう思いますか？

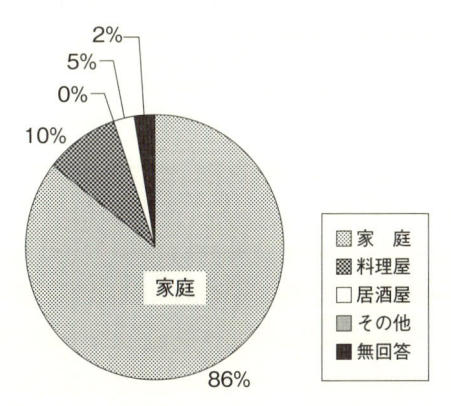

```
■ 家　庭
■ 料理屋
□ 居酒屋
■ その他
■ 無回答
```

図9-12　Q6：主にどこでヒートゥ料理を食べますか

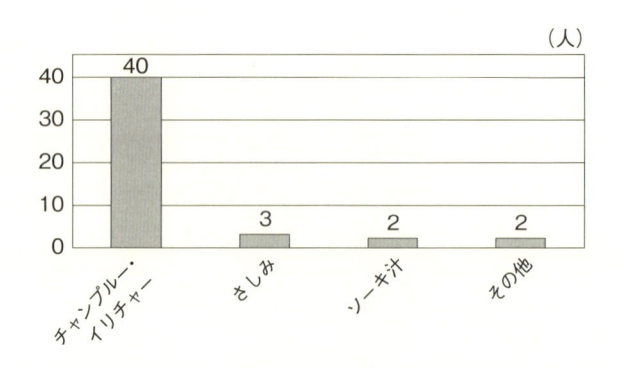

図9-13 Q7：どんなヒートゥ料理を食べますか？

調理方法や具体的な食材について質問した。その結果，チャンプルー（炒め物）・イリチャー（炒め煮）と答えた人が40人と圧倒的に多く，他には，さしみ，ソーキ汁等で食べられていた。チャンプルー・イリチャーとは，予め水茹でされたスライス状の赤肉・白のヒートゥ肉と，ニンニク，ニラ，キャベツ，モヤシ等の野菜と炒めた料理である。調理方法や野菜の種類，味付けは各家庭によりさまざまであった。そもそもヒートゥが春先から初夏にかけて名護湾に来遊していた明治初期から昭和後期頃まで，冬から春先はその季節の食べ物であるにんにく芽と一緒に，春から初夏にはその季節に食べられるフーチバ（よもぎ）と一緒に食べられていた[14]。ニンニクの芽やよもぎのような香味野菜が利用されるのは，ヒートゥ肉のにおい消しのためである。現在，ヒートゥ肉やこれら香味野菜も1年中スーパーマーケット等で販売されており，以前と比べ食べ方に大きな変化はみられなかった。さしみに使用されるのはコビレゴンドウの赤肉のみで，生姜醤油，ニンニク醤油，ソース，ポン酢で食べられており，バンドウイルカを生で食べる食習慣はなかった。またソーキ汁に使用されるのはあばら肉で，大根等の野菜を入れ赤味噌汁で食べられていた。ヒートゥ漁業者からの聞き取りでは，赤肉をステーキやカツにして食べるとのことであったが，通常スーパーマーケットで販売されているのはボイル・スライスされたイルカ肉のため，ステーキやカツでの食べ

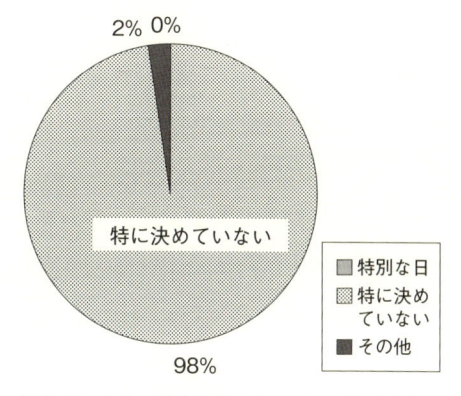

図9-14 Q8：どんな日にヒートゥ料理を食べますか？

方や，またアンケート結果にもあるさしみ，あばら肉を使ったソーキ汁等の食べ方は，漁業者を除く住民にとって一般的ではない。

次に質問8（図9-14）では，どんな日にヒートゥ料理を食べるか質問した。結果は，「特に決めていない」と答えた人が98％を占め，ヒートゥ料理が，お正月や記念日等の特別な日に食べる料理ではなく，ごく普通の日に食べる家庭料理の一つであることが判明した。一方，ヒートゥ漁業者のなかには，沖縄県の行事食である重箱料理にヒートゥ料理を詰める慣習のある者がおり，ヒートゥ料理は特別な日にも利用されていた。上述したとおり，ヒートゥが春先から初夏にかけて名護湾に来遊していたことから，ヒートゥ料理はその季節に頻繁に食べられていた食材であり，冷蔵庫がなかった時代には，塩漬けにされる等保存食にもなった。

質問9では，イルカ肉とゴウドウ肉の味の区別ができるかどうか質問した。ヒートゥ漁で捕獲された鯨肉は，コビレゴンドウ，オキゴンドウ，バンドウイルカであるが，ゴンドウ類は福岡市中央卸売市場へ送付され，ほとんど地元では流通していない。しかし，一部福岡へ送付するとコスト割れが予想される場合等地元で流通販売される場合，バンドウイルカ肉と同様に，「ヒー

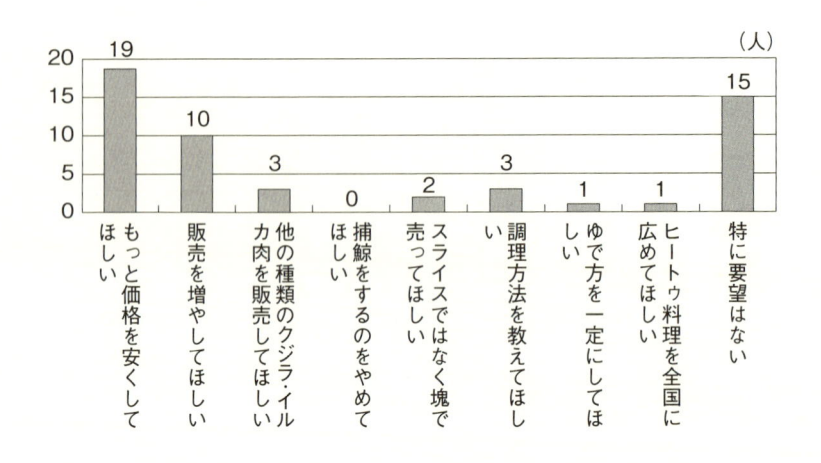

[図: 棒グラフ]

もっと価格を安くしてほしい: 19
販売を増やしてほしい: 10
他の種類のクジラ・イルカ肉を販売してほしい: 3
捕鯨をするのをやめてほしい: 0
スライスではなく塊で売ってほしい: 2
調理方法を教えてほしい: 3
ゆで方を一定にしてほしい: 1
ヒートゥ料理を全国に広めてほしい: 1
特に要望はない: 15

図 9-15　Q10：ヒートゥ肉についての要望（複数回答可）

トゥ肉」と表示販売されているため，その違いを消費者が判別しているかどうか確認した．結果は，「区別できる」12％，「区別できない」が全体の 88％を占め，過半数の消費者が区別しておらず，区別しての表示を求める声もなかった．次に質問 10（図 9-15）で，今後ヒートゥ肉に対する要望について質問したところ，「もっと価格を安くしてほしい」が 19 人，「販売量を増やしてほしい」が 10 人と，価格，供給量に対する要望が強かった．また，「調理方法を教えてほしい」，「スライスではなく塊で売ってほしい」，「チャンプルー・イリチャー以外の食べ方について教えてほしい」，若しくは，「チャンプルー・イリチャー以外の料理方法で食べたい」，という積極的な要望がみられた．しかし，「特に要望はない」と答えた人が 15 人と回答順では 2 番目に多く，これらの人はヒートゥ肉に対し無関心であった．

　次に，これまでヒートゥ料理を食べたことがない人を対象に，何故ヒートゥ料理を食べないか（購入しないか）質問したところ，「においが嫌いで食わず嫌い」と，「今まで食べる機会がなかった」という回答が一番多かった．他には，「食べたらかわいそうだから」や，「鯨肉があるのを知らなかった」とい

う回答が見られ，捕鯨に対して批判的な意見や地域産業について無関心な回答者が存在した。ヒートゥ肉についての要望は，「特に要望がない」と答えた人が6人と一番多く，これらの人はこれからも食べる気はないので特に要望はない，と答えた人達であり，ヒートゥ肉には無関心であった。

2）アンケート結果のまとめ

ヒートゥ肉と名護地域住民との係わりは歴史的に変遷してきた。明治初期頃より，漁民と地域住民の協働で始まったヒートゥ追い込み漁は，ヒートゥ来遊の減少で昭和後期にはおこなわれなくなっていた。これは，1972年本土復帰以降，公共事業や宅地造成に伴う山地開発等の工事が急速に実施された結果，漁場への赤土流入により，ヒートゥの餌であるアオリイカ等の回遊性魚介類の資源が減少し，ヒートゥの来遊も減少したためといわれている[15]。また，モラトリアム以降，ヒートゥ肉の本土出荷が開始され，これまで安価であったゴンドウ等の小型鯨類は，大型ひげ鯨類の代替品として本土においてその商品価値が高くなり，その結果名護では極端に流通量が減少した。

アンケートの結果は，ヒートゥ肉をめぐる生産と流通のこのような歴史的背景を反映したものとなった。ヒートゥ肉料理を食べる頻度は極端に減少し，ほとんど食べない人が回答者の半数近くを占め，名護地域住民のヒートゥ肉離れがますます進行していると結論づけることができる。しかし一方で，高級嗜好品化したにもかかわらずヒートゥ料理の調理方法や利用される食材は現代にも維持・継承されている。さらに，栄養価が高く身体に良い食品として，新たに見直されつつある一面や，販売価格の低下や販売量の増加を要望する積極的な意見もみられた。事実，スーパーマーケットではその供給量不足から，一旦商品が店頭に並べられると，一般消費者をはじめ，料理屋等小売業者のまとめ買いがおこなわれている。

5. おわりに

沖縄県突きん棒漁業の捕獲枠は減少傾向にある。さらに2002年，沿岸域

鯨類捕獲調査開始，2005年同調査拡大，さらに2006年より，南氷洋における鯨類捕獲調査活動の拡大で，冷凍・生鮮ともに鯨肉供給量が増加している。南氷洋・北西太平洋で調査目的に捕獲された冷凍副産物価格は下落傾向にあるものの，政府公定価格で高値安定して取引されている。一方，沖縄県ヒートゥ漁により捕獲されたゴンドウ類は，出荷先の福岡市中央卸売市場では原則としてせり売り販売され，その品質や供給量によって価格が大きく変動する。特に南氷洋で捕獲された調査副産物である冷凍鯨肉が出回る時期は，冷凍鯨肉を取り扱わない福岡市中央卸売市場でも鯨肉供給量が増加し，生鮮鯨肉の販売価格が低下する現象がみられた。つまり，沖縄産ゴンドウ類は，沿岸域で捕獲された生鮮鯨肉である太地産，鮎川産と品質価格面で競合関係にあるばかりでなく，公海上で捕獲された冷凍鯨肉副産物とも競合関係にたたされている。

　このような状況のもと，今後福岡出荷の採算性をどのように維持するかが問題となる。さらに，漁業者自らが出荷する場合，出荷販売先が福岡市場に限られるため，販路の拡大や市況の変動にすばやく対応できる販売手段を身につけることも課題となる。しかし，中央卸売市場における冷凍・生鮮鯨肉取扱いは，仙台市場を除いて全体的に停滞・縮小傾向にあるため，販路の拡大は容易ではない。生鮮ゴンドウ類が集中する福岡市中央卸売市場では，未だ産地ブランドが形成されていないため，漁業者の中には，最新の設備を投入し，生鮮という特徴を生かして商品の差別化をはかってブランド形成をめざした動きもみられる。しかし，これらの設備投資は，コストを増大させ，漁業経営を圧迫している。今後はヒートゥ漁に代わる収入源の確保が課題となるだろう。沖縄県では地域資源である鯨類資源を観光資源として利用するホエールウォッチング事業がおこなわれている。ヒートゥ漁の休漁期の一部はザトウクジラの回遊時期と重なるため，代替収入源となる可能性がある。

　福岡市中央卸売市場へ出荷しても採算がとれないバンドウイルカは，現在も名護を中心とする北部地域で流通・消費されている。その供給量は小さく，地域住民の食料供給面ではもはや大きな役割を果たしていない。しかし，

ヒートゥ漁の存在意義は，それ自体の漁業生産活動による食料供給以外に，社会文化的な役割を果たしている点においても認められる。沖縄県名護市におけるヒートゥ漁は，地域独自の漁撈文化・慣習を形成してきた。毎年，1月の終わりの大安日に実施されるヒートゥ御願（ウガン）では，突きん棒漁業者，名護漁協職員，名護市水産関係職員等の参加のもと，ヒートゥの来遊，豊漁，漁の安全が，名護城跡拝所と名護市M区公民館敷地内にある拝所の2箇所で祈願される。名護漁協職員からの聞き取りによると，戦前・戦後，M区には漁業集落地があったが現在はすでに消滅しているとのことであった。M区公民館敷地内にある拝所は，名護城に比べアクセスが容易であるため，夫や子供が出漁している間，残された母親や妻等女性たちが身内の無事を祈る場所として現在でも身近に利用されている。以上のように，長年にわたり維持・継承されてきた名護地域独自の漁撈文化[16]や食習慣の存在は，地域資源である鯨類資源が人間・地域社会と深くかかわっており，地域社会の存続に役立っている。そのため，地元消費や地域社会と深く結びついて存続しているヒートゥ漁を，漁業がもつ多面的機能という視点から見直してみてはどうだろうか。

［付記］
　沖縄県名護市におけるヒートゥ漁業活動については，漁業者，仲買人，名護漁協職員の方より，ご意見，資料をいただいた。特に，ヒートゥ御願をはじめ，解体現場や水炊き作業に同行・見学させていただき，ヒートゥ料理の試食や，祈願の唄を実際に聞かせていただく等，大変貴重な体験をさせていただいた。また，アンケートを実施させていただいたスーパーD店の鮮魚担当者や，中央卸売市場の卸売会社，仲買人の方々，和歌山県太地町の仲買人の皆様にも快く調査に応じていただいた。ここに深く感謝する次第です。
　なお，沖縄県での現地調査は文部科学省科学研究費（研究代表者　山尾政博「漁村の多面的機能とEcosystem Based Co-management」）の一部支援をうけた。

注：
1) 名護博物館（1994）。名護博物館編著　1994.『ピトゥと名護人』, p.5. しかし, 漁業者は特に, バンドウイルカを,「フリッパー」と呼んでいる。
2)「ピトゥ」とも呼ばれているが, 突きん棒漁業者をはじめ, 名護市内のスーパーマーケットで販売されている鯨肉表示が,「ヒートゥ」となっているので, 本稿では「ヒートゥ」を使用した。
3)「ピトゥ」とも呼ばれている。2005年現在では, 突きん棒漁業者の捕獲対象種であるコビレゴンドウ, オキゴンドウ, バンドウイルカを指し, 突きん棒漁業者をはじめ, 名護市内のスーパーマーケットで販売されているこれら小型鯨類の鯨肉表示が,「ヒートゥ」となっているので, 本稿では「ヒートゥ」を使用した。
4) 名護博物館前掲書, p.25.
5) これは漁業者からの聞き取りと, 名護博物館前掲書, p.37.
6) 宮里尚前掲書 pp.23, 30. によると, 名護漁業協同組合が所有した捕鯨船は, 第五廣泉丸（39.89トン）, 第七廣泉丸（53.86トン）, 第一共進丸（36.14トン）であった。1958年, 本土の大手企業と沖縄県地元企業の技術提携により2つの共同捕鯨事業が開始した。一つは, 大洋漁業株式会社と琉球食品株式会社, もう一方は日東捕鯨株式会社と開洋水産株式会社の技術提供で, 前者は360トン, 後者は130トンの大型捕鯨船（キャッチャーボート）の操業が開始された。
7) 沖縄県では, セイイカと呼ばれている。
8) 漁業者からの聞き取りでは若い雄の鯨肉が一番柔らかく炊き時間が短い。
9) 生鮮鯨肉取扱数量は, 名古屋・横浜・築地市場において増加傾向にあるが, 取扱い停滞型に分類した理由として, まず第1に卸売会社の消極性, 第2に, 市場年報の統計上, 解凍された冷凍鯨肉販売数量が生鮮鯨肉取扱い数量に含まれており, 正確な沿岸生産物である生鮮鯨肉取扱い数量が把握できないため, 純粋に生鮮鯨肉取扱数量増加とみなすことができない。
10) 福岡市中央卸売市場の卸売会社, 仲卸業者, 漁業者からの聞き取りによる。
11) 名護市HPより引用した。K地区も同じ。なおデータは平成18年度の統計値である。
12) 農協系への聞き取りによる。
13) 名護地域に流通している鯨肉流通量は, 年間捕獲枠であるバンドウイルカ10頭分と, 2社の地元仲卸業者が本土から仕入れている分とあわせても少ないと想定され, 一般地域住民を対象にアンケートを実施すると結果が得られない可能性がある。よって比較的鯨肉消費の高い地域でアンケート調査を実施した。
14) アンケートを実施した際に行なった, 回答者からの聞き取りによる。
15) 名護博物館前掲書, p.12.
16) ヒートゥ漁撈文化の一つである, 出漁前に漁業者が歌う祈願の唄を紹介する。
　　石なぐぬ　石ぬ　大石なるまで／うかきぶせみ　みそり　我うすがなん／エー城ぬ　エンサ
　　漁業者の話では, 戦前・戦後出漁前に必ず唄われていたが, もはや現在は唄われることはなく, 唄える漁業者もヒートゥ漁業者の中で一人となった。

引用文献：

岩崎俊秀，木白俊哉，加藤秀弘 2002.「小型鯨類の管理」，加藤秀弘，大隅清治編著『鯨類資源の持続的利用は可能か―鯨類資源研究の最前線』生物研究社，pp. 59-61.

遠藤愛子，山尾政博 2006.「鯨肉のフードシステム-鯨肉の市場流通構造と価格形成の特徴」『地域漁業研究』46巻2号，地域漁業学会，pp. 41-63.

Endo, A and Yamao, M. 2006. "Policies governing the distribution of by-products from scientific and small-scale coastal whaling in Japan", *Journal of Marine Policy*, London：Elsevier Science, 31 (2), pp. 169-181.

宮里尚 1988.「名護の捕鯨―名護における捕鯨の起こりとその変遷―」.『名護博物館紀要　あじまぁ』名護博物館，p. 54.

（遠藤　愛子）

終章

　本書を締めくくるにあたり，水産業・漁村の多面的機能をめぐる議論のまとめと，今後に残した課題を提起しておきたい。
　水産分野における多面的機能論の政策形成は，日本漁業の生産構造の脆弱化と空洞化，漁村がもつ諸機能が衰退するという現象が顕著になるなかで具体化された。水産基本法及び基本計画にもとづいて，条件不利地域を対象にした直接支払制度が離島漁業交付金として実現した。農業政策の後追いという点は否めないが，日本の水産物フードシステムがグローバル化するという状況下で，条件不利地域の漁業・漁村が存在することの社会的価値と貢献が認められるようになったことは，意義のあることである。

　1）各章の要約と明らかにしたこと
　第1章（山下）では，水産基本法が成立し，それにもとづいて基本計画が策定されるなかで，多面的機能がどのように位置付けられてきたかが明らかにされた。漁場・漁港整備との関連性の強さが指摘され，公共事業予算の一部として総合的に整備しやすいものが強く意識された多面的機能論になったのではないか，との指摘は重要である。条件不利地域の水産業・漁村の価値をどのようなものとして社会的に認めていくか，そのなかで何を維持すべきなのかが，政策形成の過程で議論されるべきであった。山下が提起した外部経済の内部化の問題は，3章以降の地域資源を活用した振興策に関する諸分析の導きとして位置付けることができる。
　第2章（島）では，条件不利地域である離島漁業を対象とした直接支払制度は，一見対象を絞っているようであるが，離島漁業の振興という視点からみると施策の焦点がずれている点が指摘された。離島漁業がもつ多面的機能を維持するための交付金は，集落協定を締結することを条件に支払われる。

中核的漁業者を支援し漁業生産の活性化をはかり，そのことによって多面的機能を維持するということへの関心が薄いことに対して，危機感が示されている。これは，離島漁業交付金がデカップリング政策の一端をなすことから致し方ない面がある。しかし，「国内水産物（水産物自給）＋多面的機能」vs「輸入水産物（貿易自由化）＋多面的機能」という競合構図（対立構図）で考えると，後者の政策体系の中に位置づけられている。つまり，自由貿易体制のなかでいかに水産業・漁村を維持するかという国家戦略として多面的機能論が構想されながらも，政策の実態はその目的から大きく乖離しているのではないかという危惧が明らかにされた。

　第3章（家中）は，地域レベルでは資源が「重層的」に利用されるという実態に着目し，かつ沿岸域の自然が資源化されてくる動態過程を，沖縄において実証的に明らかにした。「働きかけの対象になる可能性の束」こそが，多面的機能の源泉ととらえられるという指摘は意義深い。国家とか政策とかという抽象次元を離れて，コミュニティ・ベースで，多数の利害関係者が参加しての生業活動にもとづく資源利用と管理こそが，価値ある副次的な生産物を産み出していく過程が分析された。座間味ではサンゴ礁という自然が，ツーリズム資源として働きかけの対象となる一方，その保全利用の「担い手」が形成されている。恩納村では，海を資源とした多彩な生業活動が実施されて，多面的な漁協経営が発展している。

　第4章（鹿熊）は，MPAの設置という具体的な行為がもたらす多面的機能について分析している。MPAがもつ管理ツールとしての効果を資源学の観点から明らかにするとともに，利用・保全・管理という資源利用者の行為が，地域社会に対していかなる影響を及ぼすかを分析している。ノーテークのMPAは地域の食文化を変える可能性がある。MPAという施設ができると，ダイビングやエコツーリズムなどの新しい産業が地域に根付き，それらが沿岸漁村社会の成り立ちに変化を与える。また，MPAを伝統的社会のなかに埋め込むことによって，新しい資源管理方式へと発展していく可能性もある。MPAを設置するに際して，生態系優先の考え方と，操業区域を確保しよう

とする資源利用優先の考え方とのバランスが求められる。鹿熊は，MPAの設置を通して，地域資源の実情に応じた「責任ある資源利用」が実質化されることを展望している。

　第5章（磯部）は，水産業・漁村がもつ多面的機能のひとつ，居住や交流の「場」の提供についての分析を果たした。近年，水産業・漁村地域体験の活動に取り組むケースが増えており，地域振興策のひとつとして有効とされる。磯部は，漁村を「漁村地域」として把握し，各種生業が集積して多元的な性格をもつ社会であることを認識すべきであるとする。体験の「場」を提供する活動は，特に「地理的な地域性」の影響を受けやすい。漁業体験のメニューが多ければ，参加者は漁業がもつ地域社会を形成し維持する力と役割を実感できる。体験活動はさまざまな効果をもたらし，漁獲努力を減らして資源の保全をしやすくする。なによりも，交流を通して漁業者及び漁村地域が果たす「社会・環境サービス」の役割が明らかにされる，という効果をもっている。水産業・漁村地域が企画する体験活動は，多面的機能を広く社会に認知してもらうのに最も適した方法なのである。

　第6章（鳥居）は，水産業・漁村の多面的機能を担う主体の問題に焦点をあて，零細漁業経営の存続の厳しさを指摘しつつ，中核的漁業者が参加する協業経営による試みを検証した。長崎県では，マグロ養殖の広がりをきっかけに成立した協業体が，品質向上に取り組みながら販売対応を強める努力をしていた。沖縄県の石川市・宜野座村漁協においては，大型定置を営む協業体が成立し，零細経営の活路を協業に求める動きがある。いずれの事例でも，技術・人材交流の成果を発揮してはいるが，その経営環境はきわめて厳しい。しかし，鳥居は，食料供給の「安定的な担い手」として大手資本をみることにはやや疑問が残るとしている。中核的漁業者のように，個々の食料供給機能は大手資本と比べて小さくても，総体として地域の食料供給機能が持続的に発揮されることこそ大切であるとする。安定的な食料供給とそれに付随する多面的機能の確保は，地域に根付いた生産者とその生産力の発揮なしには考えられない。

第7章（若林）は，食文化の大切さを認識する活動として各地で繰り広げられている食育を俯瞰し，「ぎょしょく教育」と水産業・漁村の多面的機能との関わりを論じた。地域色豊かな魚食は，地域住民のアイデンティティ形成に深く作用し，生産者と消費者の交流を深めてくれる。現代の水産物フードシステムが抱える生産と消費の離れた「距離」は，ぎょしょく教育の充実と活発化によって縮められる可能性がある。ぎょしょく教育を地域プロジェクトとして取り組む愛媛県の事例では，漁業者を始めとする関係者らの地域ネットワークが機能し始め，協力者が増えるにしたがって，これまで水産業を生計基盤としてきた地域社会が培ってきた地域資源（多面的機能を含む）とは何かが，住民に広く理解されるようになった。若林の事例分析を踏まえれば，地域社会がこれまで漠然と認識していた水産業・漁村の多面的機能は，具体的な形をもった住民の諸活動へと発展していく可能性をもっている。

　第8章（赤嶺）は，グローバル化が進む食料消費市場において，従来は地元で消費されることのなかったナマコが世界の貴重な食料資源として活用されることによって生じる争いの本質を明らかにした。水産業がもつ環境負荷の大きさ，漁業者の有用資源に対する働きかけによって増幅する外部不経済は，時として社会の政治問題になり，貿易と環境という世界的トピックにすらなりうるのである。前章までの分析が，水産資源の利用がもたらす外部経済効果の大きさを半ば前提にし，また持続的な資源利用をめざしたローカル・ルールとそれを機能させる資源管理組織が存在する点を視野にいれた議論であったのと対照的である。だが赤嶺は，グローバル経済が圧倒的なスケールで資源利用圧力を高めてくるという現実を指摘しつつも，「みんなで資源を利用していきましょう」というローカル・フォースが働き始めていることを過小評価すべきではないとしている。地域社会が築き上げてきた資源管理の枠組みに順応させる形で，ナマコも利用と保全がなされるのである。

　第9章（遠藤）は，沖縄のヒートゥ漁を対象に，鯨類資源と地域との係わりについて分析し，変容する鯨類資源の利用実態とその役割を浮き彫りにした。日本では鯨と地域社会との関わりに関する社会文化研究は盛んだが，沿

岸捕鯨に従事する漁家の経営，鯨肉の流通と消費といった実態に踏み込んだ研究があまりにも少ない。日本の捕鯨論（賛成派も反対派も，特に前者）は，ある意味では流通・市場需要という点において実証性に欠けており，鯨類資源の捕獲活動がもつ多面的機能を国際的にアピールできる状況にはない。調査捕鯨副産物として販売される冷凍鯨肉の消費需要は全国的に縮小の一途をたどり，市場流通すら閉じてしまった地域が少なくない。ただ，遠藤が明らかにしたように，沖縄をはじめとする鯨類食文化が残っている地域では，独特の食習慣と流通機能が今なお働いている。沖縄の名護地域には，鯨類資源の利用に関する独自の漁撈文化や食習慣が継承されており，地域社会の存続に役だっている。鯨肉の流通・消費といった客観的な事実の積み上げがあってこそ，多面的機能の主張が生きてくる。

　序章で明らかにしたように，本書は，水産業・漁村の多面的機能の分析に複眼的に取り組むことを目的にしていた。いずれの章も資源利用者が帰属する地域社会がもつ多面性を意識した分析であったことはご理解いただけたと思う。

2）今後の課題

　最後に，次の点を今後の多面的機能論をめぐる課題として提起しておきたい。

　第1の課題は，水産業・漁村社会の本来的機能と多面的機能との関係をどうとらえるかという枠組み，及び，多面的機能を条件不利地域対策のひとつとして位置付ける意義は何か，という基本問題についてである。

　多面的機能そのものは水産物を生産する過程で副次的に産み出されるものであり，その本来的な過程が継続する限りは多面的機能を問題にする必要はない。しかし現実には，食料貿易のグロバリゼーションが不可逆的に進み，フードビジネス的かつアグリビジネス的に世界の食料生産が統合化されるなかで，先進国・開発途上国を問わず，水産業は激しい自由競争に巻き込まれている。水産業及びその関連産業は，今も，特定地域に資本と技術と資源を

集積しているが，その一方，競争環境を劣化させて条件不利地化する漁業地域がふえている。地理的な不利性はもとより，生産・流通条件，生活条件，さらに地域全体が脆弱になるにつれて，地域漁業の生き残りが難しくなっている。わが国を始めとする食料純輸入国が主張する多面的機能論は，生き残りが危ぶまれる条件不利地域を維持することの意義を改めて問うものである。

しかし，本書で再三指摘したように，水産政策として実施されている条件不利地域対策（離島交付金制度）と多面的機能論の結びつきは案外に弱く，たぶんに整合性も欠いている。改めて，条件不利地域における水産業の維持（本来的機能の維持）という点に集中させた施策の見直しをはかり，多面的機能論という視点でどこまで条件不利地域対策ができるのかを検討しなければならない。ただし，WTO体制下で進む世界貿易に関する潮流や国内支持に関する合意から大きく逸脱した生産刺激策は，やはり採るべきではない。

第2の課題は，地域振興という枠組みでみると，経済外的効果をいかに内部経済化するかという点だけが重視されるが，果たして，それだけに重点を置いた形で多面的機能を論じてよいか，という点についてである。漁村地域において漁業者は，多種多様な社会・環境サービスを提供している。本書が扱った体験学習，魚食普及，海浜清掃などは，漁業者が積極的に果たしてきた社会貢献のひとつである。藻場・干潟・サンゴ礁を始めとする沿岸域環境の保全は，漁獲対象となる資源の増殖に直接に関わらなくても，漁業者は自らの責務と考えて世代を越えて取り組んできた。また，海の利用に関する利害関係者間の調整には，問題と緊張を孕みながらも，漁業者は大きな役割を果たしている。いずれの活動も，地域住民の幅広い支持をえて，新しい装いをもった社会現象として広がりをみせている。「生成するコモンズ」「里海創成」「新しいレジティマシー作り」などは，従来の多面的機能論の枠組をこえたものである。それらが及ぼす社会的インパクトはきわめて強い。それらは生産の担い手であり，また地域社会を構成する様々な利害関係者，つまり自覚をもった「地域住民」が，変わりゆく沿岸域環境と生態系に自らを順応さ

せようとした営みの結果なのである。

　経済学はもとより，沿岸域資源管理学，環境社会学，社会学，地理学，人類学などの成果を含んだ本書では，漁業者及び地域住民による地域資源の多元的な利用と保全の実態が分析されている。一般に，多面的機能は，生産との一体性，外部経済性，公共財的な性格，といった3つの要件が整っているという条件下で分析される。あるいは，直接所得補償や直接支払の対象として国内支持の内容を決定するために用いられてきた。しかし，分析及び支持の対象にならない多面的機能があることは明らかだろう。ただし，それらを「多面的な機能」というような曖昧模糊とした総称を用いて表すことは適切ではない。やはり，水産業・漁村地域が本来的な機能を営む過程で，副次的に産み出される「多面的機能」としてとらえておかねばならない。

　それは，WTOやOECDで精緻化・理論化された狭い意味での多面的機能論の呪縛から放たれなければならないことを意味している。人々やそのネットワークを含む「地域資源」を多元的に利用して，地域振興に様々な分野で取り組んできた得た諸成果を活かしていける多面的機能論が求められている。本書ではそうした点を考慮したつもりであるが，体系的に論じるという点では課題を残している。複眼的な多面的機能論へのアプローチは今後も続けていかなければならない。

　第3の課題は，沿岸漁業の構造改革に関する議論が盛んであるが，それと関連して，どのような生産の担い手が展望されるべきか，という点についてである。副次的生産物の視点から，担い手問題を扱うのは本末転倒であるという批判はあると思う。だが，地域社会として，これは無視できない問題なのである。

　零細な沿岸漁業が今のままで存続できる状態にないのは明らかである。漁業就業者が減少し，高齢化が進んで，限界集落化している漁村地域も多く，沿岸漁業の生産基盤の空洞化がいちじるしい。また，沿岸漁業を制度的に支えてきた漁協組織の弱体化も深刻である。そのため，既存の漁業権・許可漁業がもっている参入障壁を撤廃し，企業も含めた新規参入を促していくこと

が日本の水産業にとっては必要である，という議論もそれなりには説得的である。

　いずれによせ，構造改革の方向性をめぐって，今後もさまざまな論争が繰り広げられるだろう。その際，本書が扱った漁業者及び地域社会が提供する社会・環境サービス（多面的機能として認識される）が，どのくらいの規模でどのように貢献しているかが深く分析されねばならない。本書がそうした論争にお役にたつかどうかは，読者のご判断にお任せするが，水産業がもつ食料供給という本来の機能に加えて，それを生業として長年にわたって営んできた漁村地域の成り立ちに関する認識を深めることができたのではないかと思う。単に，食料生産の効率性だけが議論の対象になっているのではなく，また，静態的な視点から多面的機能と構造改革の問題をとりあげればいいというものでもない。総合的な社会システムのひとつとして，また，歴史的な，動態的な，人々と地域社会が介在して機能する存在として，社会・環境に貢献する多面的機能こそが分析されなければならないのである。

　以上の3点を，今後の課題として提起しておきたい。各地で活発になる里海創成活動や環境・生態系保全活動などの実践を踏まえれば，多面的機能論はさらに充実したものになり，環境政策のなかにも深く組み込まれることになるだろう。海洋基本法がめざす沿岸域の総合的管理のなかで，水産業・漁村のもつ多面的機能をどう位置付けるかも今後の課題である。

（山尾政博）

あとがき

　本書の出版を企画するにいたったのは，2006年9月4日・5日に沖縄県那覇市において，『沖縄漁業と漁村の多面的機能―地域資源の利用促進と漁村振興の新しい視点―』というタイトルでシンポジウムを開催したことに端を発しています。これは，文部科学省の「平成16年度～平成18年度科学研究費補助金基盤研究（B）　漁村の多面的機能とEcosystem Based Co-management」（代表者：山尾政博）の活動のいっかんとして計画されたものでした。報告者は私たちメンバーの他に，県庁職員や地元関係者にもお願いし，活発な討論が行われました。その席で，是非沖縄・日本の漁村の多面的機能に関する本を出版してみたいという意見があがりました。以来，私たちは学会等で参集する機会を利用して，出版企画をあたためておりました。
　幸いにも，「平成20年度科学研究費補助金（研究成果公開促進費）学術図書」から補助をいただくことができ，この度本書を出版する運びになりました。
　本書を出版するにあたり，出版事情の厳しいなか，快く引き受けていただいた北斗書房の山本辰義社長に深く感謝します。また，同社の担当者島田和明氏にはいつも貴重な助言をいただくとともに，編集作業を効率よくこなしていただきました。
　執筆者の構成をみておわかりのとおり，所属も分野も違う研究者の集まりです。全国に散らばる執筆者たちの連絡役を勤め，また煩雑な事務作業や校正作業をこなしていただいた阪本千夏さん（前広島大学食料生産管理学教室事務員）に対し，心よりお礼を申し上げます。

2008年10月

　　　　　　　　　　　　　　　　　　　　　執筆者を代表して
　　　　　　　　　　　　　　　　　　　　　　　　　山尾政博

索　引

ア行

赤土流出…………………………73
新巻鮭づくり体験………………124
イクラ作り体験…………………124
石垣島……………………………115
石川市（現　うるま市）………114
石弓漁業…………………………206
伊良部島…………………………118
インターネット…………………195
海業………………………………78
海人漁業体験……………………114
営漁計画…………………………74
エコツーリズム………………67,90
　　　―推進法……………………66
追い込み漁体験…………………114
オキゴンドウ……………………207
沖縄県……………………………114
オニヒトデ………………………69

カ行

海岸清掃…………………………52
海底ゴミ…………………………128
外部経済……………………5,24,37
　　　―不経済……………………37
買い負け…………………………32
海洋基本計画……………………35
　　　―産業………………………37
　　　―の恵沢……………………36
　　　―の総合的管理……………37
　　　―レジャー…………………147
加工体験…………………………114
環境主義…………………………188
環境・生態系保全活動……………9
　　　―の促進……………………33
環境保護論者（環境主義者）…183
共同管理……………………105,188
郷土料理…………………………161
漁業経営……………………29,156

―就業者数，沿岸漁業就業者数……30
　　　―集落………………………55
　　　―問題研究会………………27
漁業白書…………………………27
漁具作り体験……………………116
漁港・漁場整備…………………30
魚食普及…………………………165
　　　―文化………………………161
漁村振興…………………………11
　　　―文化………………………161
漁撈文化……………………90,161
禁漁期……………………………91
光参（クワンシェン）…………192
景観の保全………………………30
公益的機能…………………19,20,28
公共性……………………………11
後継者……………………………144
構造政策…………………………15
国内水産物……………………44,52
コビレゴンドウ…………………204

サ行

魚離れ……………………………159
鮭網起こし見学・体験…………123
里海………………………………39
　　　―創成………………………20
サバニクルージング……………115
座間味村…………………………61
産業政策…………………………57
サンゴ礁………………………40,64,89
　　　―生態系保全………………89
産卵場……………………………91
シカクナマコ……………………189
自然の資源化……………………62
標津町……………………………123
社会・環境サービス……………10
社会的貢献………………………128
集落協定…………………………50
重層的資源利用…………………59

索　引

住民参加·····················105
順応的管理··············71,107,199
小規模沿岸捕鯨業··············203
食育························160
食育基本法···················163
食用魚介類の自給率···········30,44
食糧安全保障················21,29
食料供給機能·················157
　　　―自給率············21,47,162
　　　―貿易···················12
食料・農業・農村基本計画·······30
人命救助·····················28
水産基本計画··············15,30
　　　―基本法·················43
水産基本政策大綱··············28
水産業・漁村地域体験··········114
水産資源管理·················100
水産版食育···················160
水産物フードシステム···········17
水質の改善····················41
生活互助活動··················54
生業化························64
　　　―複合···················60
生成するコモンズ············11,20
生鮮鯨肉····················206
生態系···················92,183
生物多様性···············68,90,183
選択と集中····················14
村落主体····················105

タ行

体験漁業，················111,120
ダイビング················64,93
多面的な役割·················28
多様性······················99
地域活性化··················172
　　　―協働·················177
　　　―再生·················178
　　　―資源···········30,61,174
地域性·····················112
地域ブランド·················82
地域理解教育················174

　　―レベルの多面的機能········61
　　―連携····················159
地産地消···················159
地曳網体験··················123
ツーリズム···················111
中核的グループ················50
　　―漁業者協業体···········136
美ら海······················74
調理体験···················126
刺参（ツーチェン）············190
釣り体験····················114
定置網体験··················114
伝統文化···················180
東南アジア··················185
突きん棒漁業················203

ナ行

名護······················204
担い手····················133
日本型食生活················162
ヌーベル・シノワーゼ··········190
ノーテイク··················100

ハ行

パチンコ漁··················206
浜玉（現　唐津市）···········123
バンドウイルカ··············212
ヒートゥ···················204
　　―御願···················233
東アジア·····················6
東村······················115
干潟体験···················129
福岡市中央卸売市場···········216
副次の機能····················5
文化多様性···················68
貿易自由化···················56
本来的機能················5,160

マ行

マグロ養殖··················143
マナマコ···················190
宮古島····················118

本部町……………………………… 118
藻場・干潟・サンゴ礁
　—の造成………………………… 35

ヤ行

八重山……………………………… 119
輸出………………………………… 32
輸入水産物………………………… 52
読谷村……………………………… 115

ラ行

利害関係者………………………… 10

離島（一般離島，特認離島）…… 28, 49
　—漁業……………………………… 49
　—への定住と就業機会の提供…… 28
離島漁業再生交付金………… 8, 16, 44, 49
流通改善…………………………… 52
ローカル・ルール………………… 67

英数字

CITES（ワシントン条約），……… 190
MPA………………………………… 91
WTO（世界貿易機構）…………… 7

執筆分担者一覧

山尾 政博（序章）
　岡山県生まれ　北海道大学大学院農学研究科博士課程後期修了　農学博士
　現在，広島大学大学院生物圏科学研究科　教授
　水産経済学，東南アジア農漁村開発論
　『開発と協同組合』，『アジアの食料・農産物市場と日本』（共著），「東アジア消費市場圏の成立と水産物貿易」，「東南アジアの沿岸域資源管理の潮流」（共著）

久賀 みず保（序章）
　大阪府生まれ　広島大学大学院生物圏科学研究科博士課程後期修了　博士（学術）
　現在，鹿児島大学水産学部　助教
　水産経済学
　「水産物貿易の変化とその背景」（共著），「非価格競争力の獲得を目指した中小産地加工業の展開」，『ポイント整理で学ぶ水産経済』（共著）

山下 東子（1章）
　大阪府生まれ　早稲田大学大学院経済研究科博士後期課程単位修得満期退学　博士（学術）
　現在，明海大学経済学部　教授
　水産経済学，環境経済学
　『東南アジアのマグロ関連産業―資源の持続と環境保護』，「責任ある漁業とは何か―生産・流通・消費経済面から―」，「水産物の安全と消費者行動」

島 秀典（2章）
　北海道生まれ　北海道大学大学院農学研究科博士課程後期修了　農学博士
　現在，鹿児島大学水産学部　教授
　水産経済学　漁村社会学
　『漁業経済研究の成果と展望』（共著），『TAC制度下の漁業管理』（共著），「沿岸漁船漁業の現状と新たな動き」，「漁村地域活性化の現代的諸論点と課題」，『漁業考現学』（共著），『漁民』（共著）

家中 茂（3章）
　東京都生まれ　関西学院大学大学院社会学研究科博士課程後期単位取得退学
　現在，鳥取大学地域学部　准教授
　環境社会学，村落社会学
　『地域の自立　シマの力』（共編著），『地域政策入門』（共編著），『景観形成と地域コミュニティ』（共著），「石垣島白保のイノー」，「生成するコモンズ」

鹿熊 信一郎（4章）
　東京都生まれ　東京水産大学海洋環境工学科卒業　博士（学術）
　現在，沖縄県八重山支庁・農林水産整備課　主幹
　沿岸水産資源管理，サンゴ礁生態系保全論
　『アジア太平洋島嶼域における沿岸水産資源・生態系管理に関する研究』，「東南アジアにおける破壊的漁業と養殖」，「サンゴ礁海域における海洋保護区（MPA）の多様性と多面的機能」

磯 部　　作（5章）
　　岡山県生まれ　岡山大学法文学部専攻科史学専攻地理学コース修了
　　現在，日本福祉大学子ども発達学部　教授
　　人文地理学，社会科教育論
　　『経済動向分析―中国，日本，ASEAN―』（共著），『環境問題の現場から―地理学的アプローチ―』（共著），『転換期の地域づくり』（共著），『漁業考現学』（共著），『大阪府漁業史』（共著）

鳥 居 享 司（6章）
　　愛知県生まれ　広島大学大学院生物圏科学研究科博士課程後期修了　博士（学術）
　　現在，鹿児島大学水産学部　准教授
　　水産経済学
　　「回転寿司産業におけるマグロの取扱実態」，「地域資源を活用した交流事業による漁村活性化の条件」，「魚類養殖業における輸出拡大の現状と産地へのインパクト」

若 林 良 和（7章）
　　滋賀県生まれ　佛教大学大学院社会学研究科博士後期課程単位修得満期退学　博士（水産学）
　　現在，愛媛大学南予水産研究センター　教授
　　水産社会学，カツオ産業文化論
　　『ぎょしょく教育』（編著），『カツオの産業と文化』，『水産社会論』，『カツオ一本釣り』，『焼津市史　漁業編』（共著），『土佐のカツオ漁業史』（共著），『農林漁業政策の新方向』（共著）

赤 嶺　　淳（8章）
　　大分県生まれ　フィリピン大学大学院人文学研究科修了　Ph. D.（フィリピン研究）
　　現在，名古屋市立大学人文社会学部　准教授
　　東南アジア地域研究，海洋民族学
　　『地域環境主義』（近刊），『海洋資源の流通と管理の人類学』（共著），『資源とコモンズ』（共著）

遠 藤 愛 子（9章）
　　滋賀県生まれ　広島大学大学院生物圏科学研究科博士課程後期修了　博士（学術）
　　現在，海洋政策研究財団　政策研究グループ研究員
　　水産経済学，海洋政策学
　　"Policies governing the distribution of by-products from scientific and small-scale coastal whaling in Japan"，「鯨肉のフードシステム」，「生鮮鯨肉のフードシステム」

山 尾 政 博（終章）
　　省略

日本の漁村・水産業の多面的機能

2009年2月20日　初版発行
　　　　　編　著　山尾政博・島　秀典
　　　　　発行者　山本辰義
　　　　　発行所　㈲北斗書房
　　　　　印刷/製本　三報社印刷㈱

〒132-0024 東京都江戸川区一之江8の3の2(MMビル)
電話03-3674-5241　FAX03-3674-5244
URL http://www.gyokyo.co.jp

漁業経営センター姉妹会社

Ⓒ　山尾政博・島　秀典 2009　　Printed in Japan

本書の内容の一部又は全部を無断で複写複製（コピー）することは，法律で認められた場合を除き，著者及び出版社の権利侵害となりますので，コピーの必要がある場合は，予め当社あて許諾を求めて下さい。

ISBN978―4―89290―020―4 C3062

定価は表紙に表示しております

北斗書房の本

漁村問題を中心に，現代の食糧問題，環境問題及び協同組合に関するテーマを幅広く探求する出版社です。

◆ポイント整理で学ぶ水産経済　　廣吉勝治・佐野雅昭　編著
課題を12章に分け，各章ごとに複数の項目を配し，全体で123項目を記述。「学習のポイント」と「参考文献」の項を設けている。

　　　　　　　　　　　　A5判　286頁　定価3,000円＋税

◆現代の食糧問題と協同組合運動　　　　　　　山本博史　著
－今日から明日へ－
グローバル化された食糧問題を鋭く言及し，協同組合の問題・これからの展開すべき方向を導く。

　　　　　　　　　　　　A5判　176頁　定価1,900円＋税

◆沖底（2そうびき）の経営構造
──日本型底びき網漁法の変遷──
中央水産研究所国際漁業政策研究員　　松浦　勉　著
産業としての存在形態並びに存続条件に関して，漁業構造論及び沖合漁業論の立場から解明した書である。

　　　　　　　　　　　　上製本　157頁　定価3,800円＋税

◆増補　日本人は魚を食べているか
埼玉大学経済短期大学部名誉教授　　秋谷重男　著
我が国水産消費は魚をよく食べる人々とあまり食べない人々とに分かれ，魚食は曲がり角にあるという，本書はその事実を明らかにするものである。

　　　　　　　　　　　　A5判　149頁　定価1,800円＋税

漁協経営センターの本

漁協・漁業問題に関わる実務，改正法令の解説を中心に出版しています。

◆月刊『漁業と漁協』　　★昭和38年5月創刊★
○毎月1回1日発行　○年間購読料 12,000円

◆漁業権制度入門　　　　　　　　　　　　　青塚繁志　著
漁協役職員及び初心者のために「漁業権」について詳しい解説。『水協法・漁業法の解説』に載っていない漁業権の取得や遵守事項が分かりやすく述べられています。

　　　　　　　　　　　　B6判　146頁　定価1,200円＋税

◆分析でわかる漁業経営　　　　　　　　　　山本辰義　著
第1部は漁業簿記、経営分析の体系で基本を解説、第2部は経営分析「家庭型経営」を分析、第3部、第4部は海面養殖業及びブリ海面養殖業の分析と農水省『漁業経営調査報告』による分析

　　　　　　　　　　　　A5判　253頁　定価3,000円＋税